2023年全国水产养殖动物主要病原菌耐药性监测分析报告

农业农村部渔业渔政管理局
全国水产技术推广总站　组编

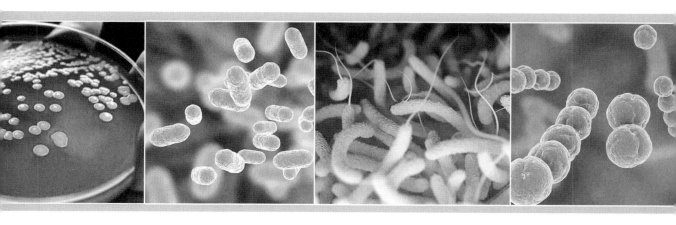

中国农业出版社
北京

编 写 说 明

一、本报告综合篇第四部分起讫日期为 2015 年 1 月 1 日至 2023 年 12 月 31 日，其他内容和数据起讫日期为 2023 年 1 月 1 日至 2023 年 12 月 31 日。

二、本报告发布内容主要来自 16 个开展了水产养殖动物主要病原菌耐药监测工作的省份包括 16 个水产技术推广单位和 4 家科研单位的监测数据。

三、读者对本报告若有建议和意见，请与全国水产技术推广总站联系。

FOREWORD | 前言

　　水产养殖动物病原菌耐药性监测是推动水产绿色健康养殖技术推广"五大行动"的重要组成部分，为了有效落实这一重要举措，2023 年，在农业农村部渔业渔政管理局指导下，全国水产技术推广总站（以下简称"总站"）继续组织北京等 16 个省（自治区、直辖市）的水产技术推广机构（水生动物疫病预防控制机构）开展全国水产养殖动物主要病原菌耐药性监测工作，旨在系统评估全国水产养殖动物病原菌的耐药性现状及变化规律，指导合理用药，保障养殖水产品质量安全，促进水产养殖业绿色高质量发展。

　　全年共采集淡水鱼、海水鱼、甲壳类、爬行动物等 19 个养殖品种，分离主要致病菌 1 765 株，监测其对恩诺沙星、盐酸多西环素、氟苯尼考、甲砜霉素、硫酸新霉素、氟甲喹、磺胺间甲氧嘧啶钠、磺胺甲噁唑/甲氧苄啶等 8 种常用抗菌药物的耐药性。总站组织各地及相关专家对监测结果进行分析，编撰完成《2023 年全国水产养殖动物主要病原菌耐药性监测分析报告》。

　　本书分综合篇、地方篇和单位篇，综合篇系统分析了全国水产养殖动物主要病原菌耐药性状况；地方篇分析了 16 个省（自治区、直辖市）重点养殖品种主要病原菌耐药性状况；单位篇分析了 4 家研究所所在省份重点养殖品种主要病原菌耐药性状况。本书全面分析总结了我国 2023 年水产养殖动物主要病原菌耐药性状况，对开展科学用药指导、疫病防控、药物研发与改进、遏制耐药性对策的研究制定与执行具有重要参考价值。

　　本书的出版得到了各地水产技术推广机构、水生动物疫病预防控制机构、相关高校和研究院所以及养殖生产一线人员等的大力支持，在此表示诚挚的感谢！

本书编委会

2024 年 5 月

CONTENTS | 目 录

前言

单 位 篇

综合篇

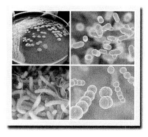

2023 年全国水产养殖动物主要病原菌耐药性状况分析报告

2023 年全国水产技术推广总站组织北京、天津、辽宁等 16 个省（自治区、直辖市）开展了水产养殖动物主要病原菌耐药性监测工作，按照《水产养殖动物病原菌耐药性监测技术规范》有关技术要求，采集各地主要养殖品种，分离样品中气单胞菌、弧菌、链球菌、假单胞菌和爱德华氏菌等主要病原菌，监测其对恩诺沙星、氟苯尼考、甲砜霉素、盐酸多西环素、硫酸新霉素、氟甲喹、磺胺间甲氧嘧啶钠、磺胺甲噁唑/甲氧苄啶等 8 种常用抗菌药物的耐药性。

一、监测基本情况

全年各地监测养殖品种包括淡水鱼 11 种、海水鱼 5 种、甲壳类 2 种、爬行动物 1 种，具体为鲤、鲫、草鱼、罗非鱼、乌鳢、斑点叉尾鮰、大口黑鲈、虹鳟、黄颡鱼、金鱼、锦鲤、牙鲆、大菱鲆、大黄鱼、卵形鲳鲹、石斑鱼、对虾、中华绒螯蟹和中华鳖等 19 个品种（表 1）。大口黑鲈样品采集地覆盖广东、浙江和江苏等主要养殖区，大黄鱼样品采集地覆盖福建和浙江等主要养殖区，中华鳖样品采集地覆盖浙江等主要养殖区，大菱鲆样品采集地覆盖辽宁和山东等主要养殖区。

分离水产养殖动物病原菌共 1 765 株，开展药物敏感性检测的病原菌共 1 416 株，占分离菌总数的 80.22%，其中气单胞菌 868 株（61.3%）、弧菌 370 株（26.1%）、假单胞菌 71 株（5.0%）、链球菌 66 株（4.7%）、爱德华氏菌 34 株（2.4%）以及其他菌种 7 株（0.5%）（图 1）。

表 1 2023 年全国水产养殖动物病原菌分离地区、宿主和数量

序号	监测地	样品宿主来源	分离细菌数量（株）
1	北京	金鱼、锦鲤、斑点叉尾鮰、大口黑鲈、虹鳟、黄颡鱼	87
2	天津	鲤、鲫	46
3	重庆	草鱼、鲫、鲤、黄颡鱼	78
4	上海	草鱼、鲫、大口黑鲈、黄颡鱼、对虾	91
5	辽宁	大菱鲆	208
6	河北	中华鳖、牙鲆	143
7	河南	鲤、斑点叉尾鮰、草鱼、大口黑鲈	66

（续）

序号	监测地	样品宿主来源	分离细菌数量（株）
8	山东	鲤、大菱鲆、虹鳟	305
9	江苏	鲫、草鱼、大口黑鲈、中华绒螯蟹	178
10	浙江	中华鳖、大口黑鲈、黄颡鱼、大黄鱼、乌鳢	200
11	湖北	鲫	77
12	福建	大黄鱼、对虾	135
13	广东	黄颡鱼、乌鳢、大口黑鲈、卵形鲳鲹、石斑鱼	121
14	广西	罗非鱼、黄颡鱼	30
15	黑龙江	鲤、鲫	60
16	新疆	草鱼、大口黑鲈、斑点叉尾鮰、鲫	23
合计			1 765

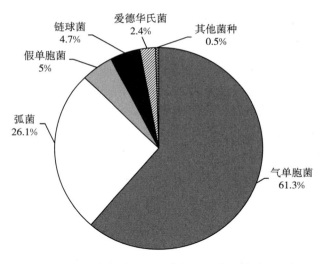

图 1 2023 年全国范围内耐药性监测病原菌种类分布

二、耐药性现状分析

受宿主品种、养殖区域和用药习惯等影响，不同养殖区域、养殖品种和病原菌种类对同种药物的敏感性差异较大甚至显著。目前，大部分水生动物细菌没有对应的临床折点，本报告数据分析主要参考人医或兽医的耐药判断标准，虽然不适宜直接指导临床用药，但对判断各养殖品种主要病原菌对相应监测药物的敏感性，及在养殖生产中规范使用抗菌药物具有重要的参考价值和指导作用。

根据 2023 年耐药性监测数据，比较分析气单胞菌、弧菌、链球菌、假单胞菌和爱德华氏菌等 5 类我国水产养殖动物主要病原菌对恩诺沙星、氟苯尼考、甲砜霉素、盐酸多西环素、硫酸新霉素、氟甲喹、磺胺间甲氧嘧啶钠、磺胺甲噁唑/甲氧苄啶等 8 种抗菌药物的敏感性，主要结果如下。

（一）总体情况分析

水产养殖动物主要病原菌普遍对氟苯尼考、甲砜霉素等酰胺醇类药物和磺胺类药物的耐药风险较高，对恩诺沙星、盐酸多西环素和硫酸新霉素的耐药风险较低，在水产养殖用药时应予以关注。由表 2 可知，恩诺沙星、氟苯尼考、甲砜霉素、磺胺甲噁唑/甲氧苄啶对假单胞菌的 MIC_{50}（抑制 50% 细菌生长的最小药物浓度）和 MIC_{90}（抑制 90% 细菌生长的最小药物浓度）均达到或高于耐药折点，并且耐药率高于其他病原菌，分别为 53.5%、93.0%、98.6% 和 77.5%，说明假单胞菌对各类药物已产生中度到高度耐药，且多重耐药严重。气单胞菌、弧菌和爱德华氏菌主要对甲砜霉素和磺胺间甲氧嘧啶钠 2 种药物具有较高的耐药风险。链球菌对各类药物均较敏感。

高耐药风险的养殖动物品种主要为大黄鱼、中华鳖、大口黑鲈、乌鳢。鲤科鱼类（包括草鱼、鲤和鲫）、对虾和罗非鱼等其他品种分离的病原菌对大部分抗菌药物较敏感。不同养殖品种主要病原菌的耐药率比较见图 2，大黄鱼源假单胞菌和中华鳖源气单胞菌针对恩诺沙星、氟苯尼考、甲砜霉素、磺胺间甲氧嘧啶、磺胺甲噁唑/甲氧苄啶等 6 种常用抗生素呈现出中高度耐药性；大口黑鲈源气单胞菌对氟苯尼考和甲砜霉素等酰胺醇类药物呈现出中度耐药性；乌鳢源气单胞菌的耐药性主要针对酰胺醇类药物（氟苯尼考和甲砜霉素）以及磺胺类药物（磺胺间甲氧嘧啶钠、磺胺甲噁唑/甲氧苄啶）。

表 2 2023 年全国 5 类病原菌对不同药物的耐药率比较

药物名称	气单胞菌	弧菌	爱德华氏菌	假单胞菌	链球菌
恩诺沙星	13.3%	1.9%	0.0	53.5%	/
硫酸新霉素	8.6%	7.8%	0.0	2.8%	/
甲砜霉素	44.5%	21.4%	73.5%	98.6%	/
氟苯尼考	39.3%	16.2%	2.9%	93.0%	/
盐酸多西环素	17.2%	12.7%	0.0	7.0%	6.1%
磺胺间甲氧嘧啶钠	49.8%	34.1%	94.1%	78.9%	/
磺胺甲噁唑/甲氧苄啶	20.2%	18.1%	0.0	77.5%	15.2%
菌株数（株）	868	370	34	71	66

注：气单胞菌、弧菌、爱德华氏菌和假单胞菌无氟甲喹的耐药折点，链球菌无恩诺沙星、氟苯尼考、磺胺间甲氧嘧啶钠、氟甲喹、硫酸新霉素和甲砜霉素的耐药折点，无法计算耐药率。

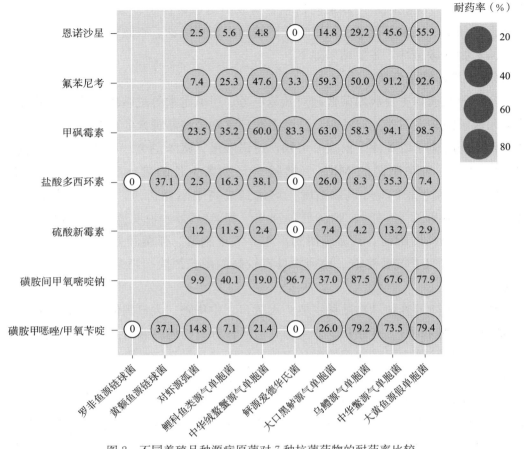

图 2　不同养殖品种源病原菌对 7 种抗菌药物的耐药率比较

（二）各病原菌耐药性分析

1. 气单胞菌

气单胞菌是一类革兰氏阴性短杆菌，广泛分布于自然界，可以从水源及土壤中分离，是淡水养殖动物疾病的主要细菌性病原，易引起淡水鱼细菌性败血症、细菌性肠炎病等疾病。常见的致病性气单胞菌有维氏气单胞菌、嗜水气单胞菌、温和气单胞菌、杀鲑气单胞菌和豚鼠气单胞菌等种类。易感养殖品种包括草鱼、鲤、鲫、鳊、鳙、鲢、罗非鱼等多种淡水鱼类。

2023 年采集草鱼、鲫、鲤、大口黑鲈、乌鳢、中华绒螯蟹和中华鳖等样品，分离气单胞菌 868 株，占采集病原菌总数的 61.3%。结合药敏检测结果对气单胞菌进行耐药性分析，表 3 显示气单胞菌对甲砜霉素和磺胺间甲氧嘧啶钠的耐药率分别达到 44.5% 和 49.8%，表现为中度耐药。

中华鳖源气单胞菌对氟苯尼考、甲砜霉素的耐药率大于 90%，对磺胺间甲氧嘧啶钠和磺胺甲噁唑/甲氧苄啶的耐药率也分别达到 67.6% 和 73.5%（表 3），对氟苯尼考、甲砜霉素、磺胺间甲氧嘧啶钠和磺胺甲噁唑/甲氧苄啶 4 种药物的 MIC_{50} 和 MIC_{90}

均超过耐药折点（表 4），表明中华鳖源气单胞菌已呈中高度耐药，并且呈现多重耐药风险。

大口黑鲈源、乌鳢源以及中华绒螯蟹源气单胞菌对氟苯尼考和甲砜霉素 2 种药物的耐药率在 47.6%～63.0%（表 3），并且 MIC_{90} 均超过耐药折点（表 4），表现出对酰胺醇类药物中度耐药，呈现交叉耐药性。另外，乌鳢源气单胞菌还表现出对磺胺类药物高度耐药，对磺胺间甲氧嘧啶钠和磺胺甲噁唑/甲氧苄啶的耐药率高达 87.5% 和 79.2%。

鲤科鱼类（包括草鱼、鲤和鲫）源气单胞菌对测试的抗菌药物较敏感，但对磺胺间甲氧嘧啶钠的耐药率达到 40.1%（表 3），其耐药风险应予以关注。

其他品种源气单胞菌因菌株数量较少不单独进行统计分析。

表 3　气单胞菌对不同药物的耐药率比较

宿主来源	恩诺沙星	氟苯尼考	甲砜霉素	盐酸多西环素	硫酸新霉素	磺胺间甲氧嘧啶钠	磺胺甲噁唑/甲氧苄啶	分离地区	菌株数
综合	13.3%	39.3%	44.5%	17.2%	8.6%	49.8%	20.2%	全国	868
鲤科鱼类（草鱼、鲫、鲤）	5.6%	25.3%	35.2%	16.3%	11.5%	40.1%	7.1%	天津 湖北 江苏 山东 重庆 上海 黑龙江	392
中华绒螯蟹	4.8%	47.6%	60.0%	38.1%	2.4%	19.0%	21.4%	江苏	42
乌鳢	29.2%	50.0%	58.3%	8.3%	4.2%	87.5%	79.2%	广东	24
大口黑鲈	14.8%	59.3%	63.0%	26.0%	7.4%	37.0%	26.0%	江苏	27
中华鳖	45.6%	91.2%	94.1%	35.3%	13.2%	67.6%	73.5%	河北	68

表 4　气单胞菌对不同药物的 MIC 比较（μg/mL）

宿主来源	MIC	恩诺沙星	氟苯尼考	甲砜霉素	盐酸多西环素	硫酸新霉素	氟甲喹	磺胺间甲氧嘧啶钠	磺胺甲噁唑/甲氧苄啶
综合	MIC_{50}	0.25	1	4	4	2	4	256	2.4/0.125
	MIC_{90}	4	256	≥512	32	8	128	≥1 024	≥1 216/64
鲤科鱼类（草鱼、鲫、鲤）	MIC_{50}	0.125	0.5	2	1	2	2	128	2.4/0.12
	MIC_{90}	2	64	≥512	32	16	128	≥1 024	19/1
中华绒螯蟹	MIC_{50}	0.03	4	32	4	2	1	128	2.4/0.12
	MIC_{90}	0.5	32	256	32	8	32	≥1 024	≥1 216/64
乌鳢	MIC_{50}	0.5	2	128	1	2	64	≥1 024	≥1 216/64
	MIC_{90}	≥32	128	≥512	8	8	256	≥1 024	≥1 216/64

（续）

宿主来源	MIC	恩诺沙星	氟苯尼考	甲砜霉素	盐酸多西环素	硫酸新霉素	氟甲喹	磺胺间甲氧嘧啶钠	磺胺甲噁唑/甲氧苄啶
大口黑鲈	MIC$_{50}$	0.125	32	256	2	2	4	128	2.4/0.12
	MIC$_{90}$	4	64	≥512	16	8	32	≥1 024	≥1 216/64
中华鳖	MIC$_{50}$	2	128	≥512	8	2	8	≥1 024	≥1 216/64
	MIC$_{90}$	≥32	≥512	≥512	≥128	16	≥256	≥1 024	≥1 216/64
耐药性判定参考值	敏感	≤0.5	≤2	≤8	≤4	≤4	—	≤256	≤38/2
	中介	1~2	4	—	8	8	—	—	—
	耐药	≥4	≥8	≥16	≥16	≥16	—	≥512	≥76/4

注："—"表示无折点。

2. 弧菌

弧菌是菌体短小、弯曲成弧形、尾部带一鞭毛的革兰氏阴性菌，广泛分布于河口、海湾、近岸海域的海水和海洋动物体内，是海水养殖动物的主要细菌性病原，易引发虾急性肝胰腺坏死病等疾病。常见的致病性弧菌有副溶血弧菌、哈维氏弧菌、溶藻弧菌、大菱鲆弧菌、鳗弧菌和创伤弧菌等种类。易感养殖品种包括多种海水鱼类、对虾等。2023 年采集大菱鲆、牙鲆、大黄鱼和对虾等样品，分离到弧菌 370 株，占采集病原菌总数的 26.1%。结合药敏检测结果对弧菌进行耐药性分析，数据显示弧菌对甲砜霉素和磺胺间甲氧嘧啶钠的耐药率分别为 21.4% 和 34.1%，表现出一定的耐药性风险（表 5）。其他品种源弧菌因菌株数量较少不单独进行统计分析。

大菱鲆、牙鲆等鲆科鱼类源弧菌对氟苯尼考、甲砜霉素、磺胺间甲氧嘧啶钠和磺胺甲噁唑/甲氧苄啶 4 种药物的耐药率在 23.9%~32.7%（表 5），对恩诺沙星和硫酸新霉素这两种药物敏感性较高；大菱鲆、牙鲆等鲆科鱼类源弧菌对氟苯尼考、甲砜霉素、磺胺间甲氧嘧啶钠和磺胺甲噁唑/甲氧苄啶 4 种药物的 MIC$_{90}$ 均超过耐药折点，表现出较高的耐药水平（表 6）。对虾源弧菌对甲砜霉素的 MIC$_{90}$ 超过耐药折点，耐药率为 23.5%，其耐药性风险应予以关注。大黄鱼源弧菌对测试的抗菌药物均较敏感。

表 5 弧菌对不同药物的耐药率比较

宿主来源	恩诺沙星	氟苯尼考	甲砜霉素	盐酸多西环素	硫酸新霉素	磺胺间甲氧嘧啶钠	磺胺甲噁唑/甲氧苄啶	分离地区	菌株数
综合	1.9%	16.2%	21.4%	12.7%	7.8%	34.1%	18.1%	全国	370
鲆科鱼类（大菱鲆、牙鲆）	3.1%	28.9%	24.5%	27.0%	3.8%	32.7%	23.9%	辽宁河北	159
大黄鱼	0.0	6.1%	6.1%	3.0%	0.0	6.1%	12.1%	福建	33
对虾	2.5%	7.4%	23.5%	2.5%	1.2%	9.9%	14.8%	福建上海	81

表 6　弧菌对不同药物的 MIC 比较（μg/mL）

宿主来源	MIC	恩诺沙星	氟苯尼考	甲砜霉素	盐酸多西环素	硫酸新霉素	氟甲喹	磺胺间甲氧嘧啶钠	磺胺甲噁唑/甲氧苄啶
综合	MIC$_{50}$	0.06	0.5	2	0.25	2	0.5	64	2.4/0.125
	MIC$_{90}$	0.5	32	256	64	8	8	≥1 024	≥1 216/64
鲆科鱼类（大菱鲆、牙鲆）	MIC$_{50}$	0.125	1	2	0.5	1	0.5	8	4.8/0.25
	MIC$_{90}$	1	128	≥512	128	4	32	≥1 024	≥1 216/64
大黄鱼	MIC$_{50}$	0.06	0.5	2	0.25	2	0.05	4	1.2/0.06
	MIC$_{90}$	0.06	1	4	0.25	2	0.05	256	76/4
对虾	MIC$_{50}$	0.06	0.5	2	0.5	1	0.25	8	1.2/0.06
	MIC$_{90}$	0.125	4	256	2	2	1	256	608/32
耐药性判定参考值	敏感	≤0.5	≤2	≤8	≤4	≤4	—	≤256	≤38/2
	中介	1～2	4	—	8	8	—	—	—
	耐药	≥4	≥8	≥16	≥16	≥16	—	≥512	≥76/4

注："—"表示无折点。

3. 爱德华氏菌

爱德华氏菌是短杆状具周鞭毛的革兰氏阴性菌，具有广泛的宿主范围，养殖鳗鲡、斑点叉尾鲴、黄颡鱼、罗非鱼、大口黑鲈、牙鲆、大菱鲆等多种淡水或海水鱼类均可被感染，易引发鱼爱德华氏菌病等疾病。常见的致病性爱德华氏菌有杀鱼爱德华氏菌、鲴爱德华氏菌。

2023 年采集大菱鲆、大口黑鲈和斑点叉尾鲴等样品，分离爱德华氏菌 34 株，占采集病原菌总数的 2.4%。结合药敏检测结果对爱德华氏菌进行耐药性分析，数据显示爱德华氏菌对甲砜霉素和磺胺间甲氧嘧啶钠的耐药率分别达到 73.5% 和 94.1%，呈现出高度耐药风险（表 7）。其中，大菱鲆源爱德华氏菌对甲砜霉素和磺胺间甲氧嘧啶钠 2 种药物的耐药率分别高达 83.3% 和 96.7%（表 7），MIC$_{50}$ 和 MIC$_{90}$ 均达到耐药折点（表 8），同时表现出较高耐药水平。其他品种源爱德华氏菌因菌株数量较少不单独进行统计分析。

表 7　爱德华氏菌对不同药物的耐药率比较

宿主来源	恩诺沙星	氟苯尼考	甲砜霉素	盐酸多西环素	硫酸新霉素	磺胺间甲氧嘧啶钠	磺胺甲噁唑/甲氧苄啶	分离地区	菌株数
综合	0.0	2.9%	73.5%	0.0	0.0	94.1%	0.0	全国	34
大菱鲆	0.0	3.3%	83.3%	0.0	0.0	96.7%	0.0	山东	30

表8 爱德华氏菌对不同药物的 MIC 比较（μg/mL）

宿主来源	MIC	恩诺沙星	氟苯尼考	甲砜霉素	盐酸多西环素	硫酸新霉素	氟甲喹	磺胺间甲氧嘧啶钠	磺胺甲噁唑/甲氧苄啶
综合	MIC_{50}	0.25	1	16	2	2	4	512	2.4/0.125
	MIC_{90}	0.5	2	32	4	4	8	≥1 024	4.8/0.25
大菱鲆	MIC_{50}	0.25	2	16	2	2	4	512	2.4/0.12
	MIC_{90}	0.5	4	32	4	4	8	≥1 024	4.8/0.25
耐药性判定参考值	敏感	≤0.5	≤2	≤8	≤4	≤4	—	≤256	≤38/2
	中介	1～2	4	—	8	8	—	—	—
	耐药	≥4	≥8	≥16	≥16	≥16	—	≥512	≥76/4

注："—"表示无折点。

4. 假单胞菌

假单胞菌是杆状有单端鞭毛或丛鞭毛的革兰氏阴性菌，广泛分布于自然环境中。常见的致病性假单胞菌有杀香鱼假单胞菌、荧光假单胞菌、铜绿假单胞菌、恶臭假单胞菌等，其中杀香鱼假单胞菌是引发大黄鱼内脏白点病的主要病原菌。

2023年采集大黄鱼等样品，分离假单胞菌71株，占采集病原菌总数的5.0%。结合药敏检测结果对假单胞菌进行耐药性分析，数据显示假单胞菌对恩诺沙星、氟苯尼考、甲砜霉素、磺胺间甲氧嘧啶钠和磺胺甲噁唑/甲氧苄啶5种药物的耐药率较高，耐药率达到53.5%～98.6%，呈现出高度耐药（表9）。

大黄鱼源假单胞菌对氟苯尼考和甲砜霉素的耐药率高达90%以上，对磺胺类药物也达75%以上（表9），对恩诺沙星、氟苯尼考、甲砜霉素、磺胺间甲氧嘧啶钠和磺胺甲噁唑/甲氧苄啶5种药物的MIC_{50}和MIC_{90}均超过耐药折点（表10），表明大黄鱼源假单胞菌对多种药物呈现高度耐药。大黄鱼源假单胞菌对硫酸新霉素和盐酸多西环素较敏感。其他品种源假单胞菌因菌株数量较少不单独进行统计分析。

表9 假单胞菌对不同药物的耐药率比较

宿主来源	恩诺沙星	氟苯尼考	甲砜霉素	盐酸多西环素	硫酸新霉素	磺胺间甲氧嘧啶钠	磺胺甲噁唑/甲氧苄啶	分离地区	菌株数
综合	53.5%	93.0%	98.6%	7.0%	2.8%	78.9%	77.5%	全国	71
大黄鱼	55.9%	92.6%	98.5%	7.4%	2.9%	77.9%	79.4%	浙江、福建	68

表10 假单胞菌对不同药物的 MIC 比较（μg/mL）

宿主来源	MIC	恩诺沙星	氟苯尼考	甲砜霉素	盐酸多西环素	硫酸新霉素	氟甲喹	磺胺间甲氧嘧啶钠	磺胺甲噁唑/甲氧苄啶
综合	MIC_{50}	4	128	256	2	1	64	512	152/8
	MIC_{90}	16	≥512	≥512	4	2	≥256	≥1 024	152/8

（续）

宿主来源	MIC	恩诺沙星	氟苯尼考	甲砜霉素	盐酸多西环素	硫酸新霉素	氟甲喹	磺胺间甲氧嘧啶钠	磺胺甲噁唑/甲氧苄啶
大黄鱼	MIC$_{50}$	4	128	≥512	2	1	64	512	152/8
	MIC$_{90}$	16	≥512	≥512	4	2	256	≥1 024	152/8
耐药性判定参考值	敏感	≤0.5	≤2	≤8	≤4	≤4		≤256	≤38/2
	中介	1～2	4	—	8	8	—	—	—
	耐药	≥4	≥8	≥16	≥16	≥16		≥512	≥76/4

注："—"表示无折点。

5. 链球菌

链球菌是球状革兰氏阳性菌，宿主范围广，养殖罗非鱼、黄颡鱼、虹鳟、鳗鲡、鲷、牙鲆等多种淡水或海水鱼类易感染，会引发链球菌病等疾病。常见的致病性链球菌有海豚链球菌、无乳链球菌、停乳链球菌等。

2023 年采集罗非鱼、大黄鱼、黄颡鱼和乌鳢等样品，分离链球菌 66 株，占采集病原菌总数的 4.7%。因链球菌无恩诺沙星、氟苯尼考、磺胺间甲氧嘧啶钠、氟甲喹、硫酸新霉素和甲砜霉素的耐药折点，无法计算耐药率。结合药敏检测结果对链球菌对盐酸多西环素和磺胺甲噁唑/甲氧苄啶进行耐药性分析，数据显示链球菌对磺胺甲噁唑/甲氧苄啶的耐药率较高，为 15.2%，对其他药物较敏感（表 11）。黄颡鱼源链球菌对多西环素和磺胺甲噁唑/甲氧苄啶已产生耐药性，表现为中低度耐药，而罗非鱼源链球菌则对这两种药物完全敏感。黄颡鱼源链球菌对恩诺沙星、氟甲喹和磺胺间甲氧嘧啶钠的敏感性较低，而罗非鱼源链球菌除硫酸新霉素和氟甲喹的 MIC$_{50}$ 和 MIC$_{90}$ 较高外，对其他药物的敏感程度较高（表 12）。其他品种源链球菌因菌株数量较少不单独进行统计分析。

表 11 链球菌对不同药物的耐药率比较

宿主来源	恩诺沙星	氟苯尼考	甲砜霉素	盐酸多西环素	硫酸新霉素	磺胺间甲氧嘧啶钠	磺胺甲噁唑/甲氧苄啶	分离地区	菌株数
综合	/	/	/	6.1%	/	/	15.2%	全国	66
黄颡鱼	/	/	/	37.14%	/	/	37.14%	北京广西广东	35
罗非鱼	/	/	/	0.0	/	/	0.0	广西	25

表 12 链球菌对不同药物的 MIC 比较（μg/mL）

宿主来源	MIC	恩诺沙星	氟苯尼考	甲砜霉素	盐酸多西环素	硫酸新霉素	氟甲喹	磺胺间甲氧嘧啶钠	磺胺甲噁唑/甲氧苄啶
综合	MIC$_{50}$	0.25	2	4	0.25	64	≥256	128	1.2/0.06
	MIC$_{90}$	1	4	8	0.5	≥256	≥256	≥1 024	76/4

（续）

	MIC	恩诺沙星	氟苯尼考	甲砜霉素	盐酸多西环素	硫酸新霉素	氟甲喹	磺胺间甲氧嘧啶钠	磺胺甲噁唑/甲氧苄啶
黄颡鱼	MIC_{50}	0.25	2	4	0.5	8	≥256	512	9.5/0.5
	MIC_{90}	4	2	8	8	16	≥256	≥1 024	152/8
罗非鱼	MIC_{50}	0.5	2	4	0.25	64	128	64	1.2/0.06
	MIC_{90}	0.5	4	4	0.5	128	≥256	128	2.4/0.125
耐药性判定参考值	敏感	—	—	—	≤1	—	—	—	≤19/1
	中介								
	耐药				≥2				≥38/2

注："—"表示无折点。

三、耐药变迁分析

由于细菌对宿主的泛嗜性及其在水产养殖环境中的广布性，不同地区、不同养殖品种往往携带相同的优势病原菌。鉴于此，我们从病原角度分析了气单胞菌、弧菌和链球菌等三种优势病原菌对不同监测药物的耐药率和不同监测药物对这三种病原菌的MIC，以及两者的长短期变化趋势，以便为养殖种类主要病原菌的长短期控制策略的制订与药物使用提供参考。

1. 气单胞菌

2015—2023 年的耐药性监测数据（表 13）显示，气单胞菌对盐酸多西环素的耐药率 2015—2021 年总体呈波动式缓慢上升趋势，从 4.2% 增至 22.3%，2022 年降幅明显，降至 9.3%，但 2023 年大幅增长至 17.2%；对氟苯尼考的耐药率总体呈上升态势，近三年最高达到 40.3%；对恩诺沙星的耐药率总体呈缓慢下降趋势，2023 年降至 13.1%，与 2015 年耐药水平接近；对硫酸新霉素的耐药率总体呈下降趋势，但 2021—2023 年略有升高，特别是 2023 年较 2020—2022 年的耐药水平增幅明显，达到 8.6%；对磺胺间甲氧嘧啶钠的耐药率总体波动较大，但自 2021 年起呈现增长趋势，2023 年达到 49.8%；仅有近三年对磺胺甲噁唑/甲氧苄啶的耐药率数据，总体呈稳中有降态势（图 3）。

表 13　2015—2023 年气单胞菌对不同药物的耐药率比较

药物名称	2015 年	2016 年	2017 年	2018 年	2019 年	2020 年	2021 年	2022 年	2023 年
盐酸多西环素	4.19%	12.5%	10.7%	19.1%	14.2%	22.1%	22.3%	9.3%	17.2%
氟苯尼考	26.4%	30.0%	17.6%	26.3%	32.2%	37.0%	40.3%	36.0%	39.3%
甲砜霉素	31.6%	41.0%	35.1%	47.9%	46.1%	38.3%	42.2%	38.4%	44.5%
恩诺沙星	13.3%	37.5%	17.5%	22.4%	19.4%	11.8%	12.5%	14.8%	13.1%
硫酸新霉素	41.9%	48.9%	24.7%	16.7%	12.2%	0.8%	2.4%	2.4%	8.6%
磺胺间甲氧嘧啶钠	/	50.0%	25.6%	42.5%	9.4%	43.7%	19.7%	29.3%	49.8%
磺胺甲噁唑/甲氧苄啶	/	/	/	/	/	/	31.4%	38.4%	20.1%
菌株数（株）	167	315	388	509	360	482	417	752	868

注："/"表示无相关数据。

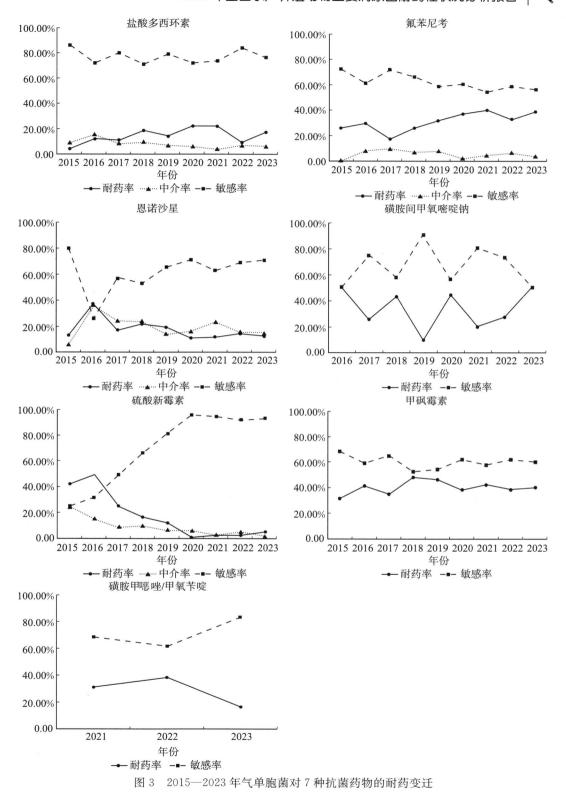

图 3   2015—2023 年气单胞菌对 7 种抗菌药物的耐药变迁

比较不同药物对气单胞菌的 MIC 水平变迁情况（表 14 和表 15），除磺胺间甲氧嘧啶钠外，监测的其他 7 种药物的 MIC_{50} 在近三年变化不显著，而磺胺间甲氧嘧啶钠则大幅度提高，从 16μg/mL（2022 年）上升到 256μg/mL（2023 年）。盐酸多西环素、氟苯尼考和氟甲喹的 MIC_{90} 在 2023 年同比有所升高，其他药物则保持稳定的趋势。另外，盐酸多西环素、氟苯尼考、甲砜霉素、磺胺间甲氧嘧啶钠及磺胺甲噁唑/甲氧苄啶的 MIC_{90} 仍处在较高水平，亟须加强监测与控制（图 4）。

表 14　2015—2023 年不同药物对气单胞菌的 MIC_{50} 比较（μg/mL）

药物名称	2015 年	2016 年	2017 年	2018 年	2019 年	2020 年	2021 年	2022 年	2023 年
盐酸多西环素	1.56	3.13	1.56	1.56	0.78	0.78	0.5	0.5	1
氟苯尼考	1.56	3.13	0.78	0.78	100	1.56	2	2	1
甲砜霉素	6.25	6.25	3.13	6.25	12.5	3.13	2	2	4
恩诺沙星	0.39	3.13	0.78	0.78	0.39	0.39	0.5	0.25	0.25
氟甲喹	/	/	/	/	/	/	1	1	4
硫酸新霉素	12.5	12.5	12.5	6.25	3.13	3.13	2	2	2
磺胺间甲氧嘧啶钠	/	≥200	≥200	≥200	≥200	≥200	32	16	256
磺胺甲噁唑/甲氧苄啶	/	/	/	/	/	/	19/1	9.5/0.5	2.4/0.125
菌株数（株）	167	315	388	509	360	482	417	752	868

注："/"表示无相关数据。

表 15　2015—2023 年不同药物对气单胞菌的 MIC_{90} 比较（μg/mL）

药物名称	2015 年	2016 年	2017 年	2018 年	2019 年	2020 年	2021 年	2022 年	2023 年
盐酸多西环素	12.5	25	25	50	50	100	128	8	32
氟苯尼考	50	50	25	50	≥200	≥200	128	128	256
甲砜霉素	≥200	≥200	≥200	≥200	≥200	≥200	≥512	≥512	≥512
恩诺沙星	6.25	25	12.5	12.5	12.5	6.25	4	4	4
氟甲喹	/	/	/	/	/	/	128	32	128
硫酸新霉素	100	100	50	25	25	6.25	4	4	8
磺胺间甲氧嘧啶钠	/	512	512	≥1 024	512	512	512	≥1 024	≥1 024
磺胺甲噁唑/甲氧苄啶	/	/	/	/	/	/	152/8	≥608/32	≥1 212/64
菌株数（株）	167	315	388	509	360	482	417	752	868

注："/"表示无相关数据。

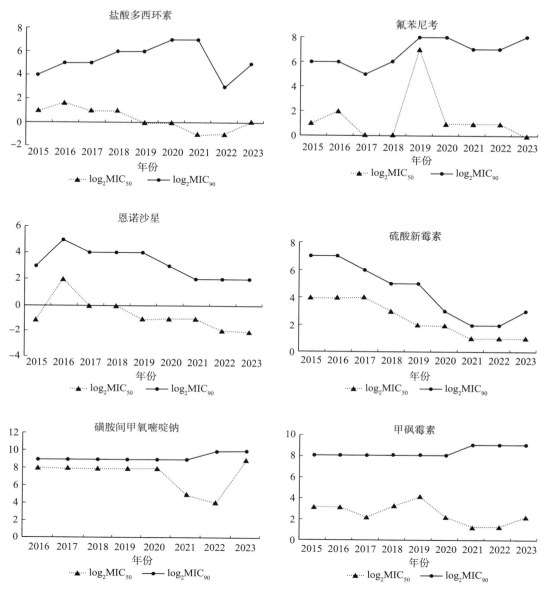

图 4 2015—2023 年 6 种药物对气单胞菌的 MIC_{50} 和 MIC_{90} 变迁情况

2. 弧菌

耐药性监测数据（表 16）显示，2015—2023 年，弧菌对盐酸多西环素和硫酸新霉素耐药率总体呈下降到平稳趋势，但 2023 年有所反弹，盐酸多西环素从 5.3%（2022 年）上升到 12.7%（2023 年），硫酸新霉素从 1.2%（2022 年）上升到 7.8%（2023 年）。氟苯尼考、甲砜霉素和磺胺甲噁唑/甲氧苄啶则在 2023 年同比下降幅度较大（图 5）。恩诺沙星和磺胺间甲氧嘧啶钠的耐药率保持相对平稳。

表 16 2015—2023 年弧菌对不同药物的耐药率比较

药物名称	2015 年	2016 年	2017 年	2018 年	2019 年	2020 年	2021 年	2022 年	2023 年
盐酸多西环素	29.5%	12.5%	1.2%	12.5%	1.2%	4.4%	6.9%	5.3%	12.7%
氟苯尼考	30.4%	15.4%	27.6%	58.3%	8.6%	34.2%	24.1%	38.2%	16.2%
甲砜霉素	58.0%	35.6%	41.4%	66.7%	31.4%	29.8%	56.6%	47.7%	21.4%
恩诺沙星	/	/	8.1%	16.7%	0.0%	2.6%	5.5%	3.8%	1.9%
硫酸新霉素	58.0%	48.1%	69.0%	37.5%	1.2%	0.9%	0.7%	1.2%	7.9%
磺胺间甲氧嘧啶钠	100.0%	100.0%	100.0%	58.3%	7.0%	22.8%	9.0%	32.4%	34.1%
磺胺甲噁唑/甲氧苄啶	/	/	/	/	/	/	18.6%	43.1%	18.1%
菌株数（株）	112	104	87	24	86	114	145	262	370

注："/"表示无相关数据。

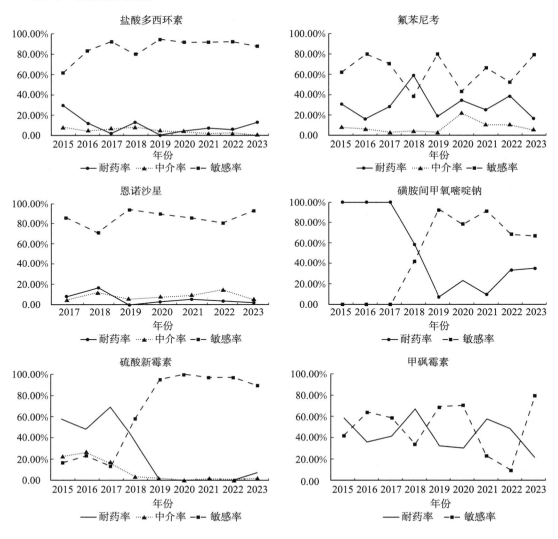

图 5 2015—2023 年弧菌对 6 种抗菌药物的耐药变迁情况

比较不同药物对弧菌的 MIC 水平变迁情况（表 17 和表 18），2015—2022 年盐酸多西环素、恩诺沙星和硫酸新霉素的 MIC_{50} 和 MIC_{90} 总体呈下降趋势，但盐酸多西环素和硫酸新霉素的 MIC_{90} 在 2023 年同比有所升高，尤其盐酸多西环素同比上升幅度较大，从 $4\mu g/mL$（2022 年）上升到 $64\mu g/mL$（2023 年）。磺胺间甲氧嘧啶钠和磺胺甲噁唑/甲氧苄啶的 MIC_{90} 在近三年呈增长趋势，且处于较高耐药水平。氟苯尼考、甲砜霉素、氟甲喹的 MIC_{50} 和 MIC_{90} 则保持相对平稳（图 6）。

表 17 2015—2023 年不同药物对弧菌的 MIC_{50} 比较（$\mu g/mL$）

药物名称	2015 年	2016 年	2017 年	2018 年	2019 年	2020 年	2021 年	2022 年	2023 年
盐酸多西环素	3.13	0.78	0.5	0.25	0.25	0.25	≤0.06	0.125	0.25
氟苯尼考	1.56	0.78	2	16	2	4	2	2	0.5
甲砜霉素	50	6.25	16	128	16	4	2	4	2
恩诺沙星	/	/	0.25	0.5	0.25	0.25	0.125	0.125	0.06
氟甲喹	/	/	/	/	/	/	0.125	0.5	0.5
硫酸新霉素	25	12.5	32	4	4	1	0.5	0.5	2
磺胺间甲氧嘧啶钠	≥200	≥200	256	512	16	64	4	32	64
磺胺甲噁唑/甲氧苄啶	/	/	/	/	/	/	2.4/0.125	9.5/0.5	2.4/0.125
菌株数（株）	112	104	87	24	86	114	145	262	370

注："/"表示无相关数据。

表 18 2015—2023 年不同药物对弧菌的 MIC_{90} 比较（$\mu g/mL$）

药物名称	2015 年	2016 年	2017 年	2018 年	2019 年	2020 年	2021 年	2022 年	2023 年
盐酸多西环素	25	25	8	16	2	4	4	4	64
氟苯尼考	50	12.5	32	128	64	64	64	64	32
甲砜霉素	≥200	≥100	128	256	256	256	256	≥512	256
恩诺沙星	/	/	2	16	1	2	2	1	0.5
氟甲喹	/	/	/	/	/	/	8	16	8
硫酸新霉素	50	50	64	64	8	4	2	4	8
磺胺间甲氧嘧啶钠	≥200	≥200	256	512	64	512	256	≥1 024	≥1 024
磺胺甲噁唑/甲氧苄啶	/	/	/	/	/	/	152/8	≥608/32	≥1 216/64
菌株数（株）	112	104	87	24	86	114	145	262	370

注："/"表示无相关数据。

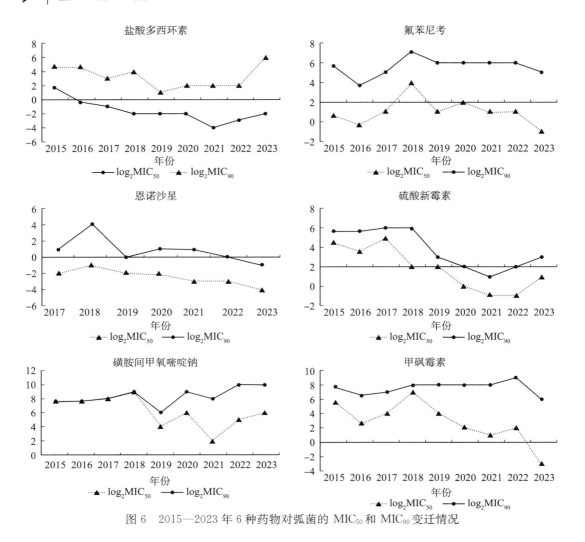

图 6　2015—2023 年 6 种药物对弧菌的 MIC_{50} 和 MIC_{90} 变迁情况

3. 链球菌

耐药性监测数据显示，2015—2023 年链球菌对盐酸多西环素的耐药率总体平稳，维持在 10% 左右，控制较好（表 19）。由于磺胺甲噁唑/甲氧苄啶的数据不全以及其他药物没有判定标准而无法计算链球菌的耐药率，因此仅分析链球菌对盐酸多西环素的耐药变迁情况（图 7）。

表 19　2015—2023 年链球菌对不同药物的耐药率比较

药物名称	2015 年	2016 年	2017 年	2018 年	2019 年	2020 年	2021 年	2022 年	2023 年
盐酸多西环素	13.3%	0.0%	4.6%	0.0%	11.3%	3.2%	2.8%	9.6%	6.1%
磺胺甲噁唑/甲氧苄啶	/	/	/	/	/	/	/	21.9%	15.2%
菌株数（株）	15	30	66	26	62	62	62	73	66

注："/"表示无相关数据。

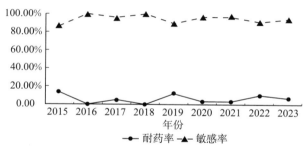

图 7　2015—2023 年链球菌对盐酸多西环素的耐药变迁情况

　　比较不同药物对链球菌的 MIC 水平变迁情况（表 20 和表 21），2015—2023 年盐酸多西环素、恩诺沙星、硫酸新霉素和氟苯尼考的 MIC_{50} 和 MIC_{90} 呈波动变化。2023 年盐酸多西环素、氟甲喹和硫酸新霉素的 MIC_{50} 和 MIC_{90} 均有大幅度增长，亟须密切关注。氟苯尼考和甲砜霉素除个别年份偏高外，其 MIC_{90} 分别维持在 $4\sim8\mu g/mL$ 和 $8\sim16\mu g/mL$。磺胺间甲氧嘧啶钠的 MIC_{90} 除 2021 年偏低外，其 MIC_{90} 基本维持在较高水平，且 2022 年出现明显的上升拐点（图 8）。需要说明的是，在生产中仍缺少有效药物控制链球菌引起的疾病。

表 20　2015—2023 年不同药物对链球菌的 MIC_{50} 比较（$\mu g/mL$）

药物名称	2015 年	2016 年	2017 年	2018 年	2019 年	2020 年	2021 年	2022 年	2023 年
盐酸多西环素	0.12	0.24	≤0.2	≤0.12	≤0.2	≤0.2	0.125	≤0.06	0.25
氟苯尼考	0.98	1.95	0.78	15.6	3.13	1.56	2	4	2
甲砜霉素	1.95	3.9	3.13	125	6.25	1.56	1	2	4
恩诺沙星	/	/	1.96	0.49	1.56	0.39	0.125	1	0.25
氟甲喹	/	/	/	/	/	/	8	32	256
硫酸新霉素	62.5	2 590	32	125	6.25	12.5	8	1	64
磺胺间甲氧嘧啶钠	/	≥2 500	≥250	≥250	≥200	4	8	8	128
磺胺甲噁唑/甲氧苄啶	/	/	/	/	/	/	/	4.8/0.25	1.2/0.06
菌株数（株）	15	30	66	26	62	62	62	73	66

注：“/”表示无相关数据。

表 21　2015—2023 年不同药物对链球菌的 MIC_{90} 比较（$\mu g/mL$）

药物名称	2015 年	2016 年	2017 年	2018 年	2019 年	2020 年	2021 年	2022 年	2023 年
盐酸多西环素	3.9	0.24	1.56	≤0.12	3.13	≤0.2	0.125	≤0.06	0.5
氟苯尼考	1.95	7.8	3.13	62.5	3.13	3.13	4	8	4
甲砜霉素	7.8	7.8	25	≥250	12.5	6.25	8	8	8
恩诺沙星	/	/	7.8	0.98	12.5	0.78	8	1	1
氟甲喹	/	/	/	/	/	/	16	64	256
硫酸新霉素	125	625	62.5	≥250	12.5	25	16	16	256
磺胺间甲氧嘧啶钠	/	≥2 500	≥250	≥250	≥200	128	32	≥1 024	≥1 024
磺胺甲噁唑/甲氧苄啶	/	/	/	/	/	/	/	≥608/32	76/4
菌株数（株）	15	30	66	26	62	62	62	73	66

注：“/”表示无相关数据。

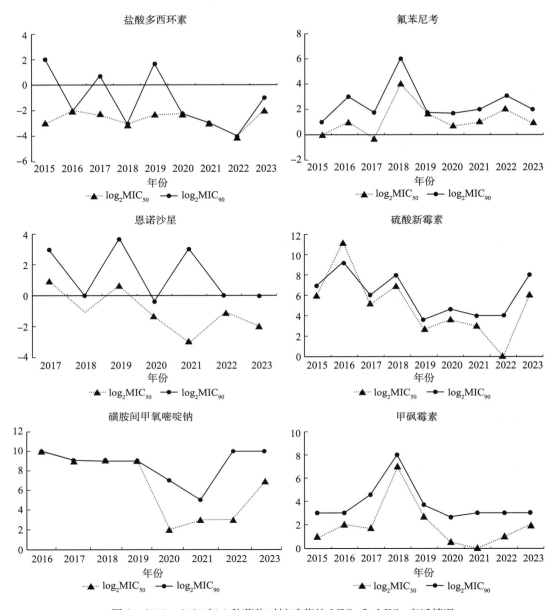

图 8　2015—2023 年 6 种药物对链球菌的 MIC_{50} 和 MIC_{90} 变迁情况

四、结论与建议

1. 气单胞菌和弧菌分别是淡水和海水养殖品种的主要病原菌

2023 年度耐药性监测地区基本包括了全国水产养殖主要区域，采集的样品主要来自各地区的主要养殖品种，主要监测了 5 类常见病原菌（气单胞菌、弧菌、假单胞菌、链球菌和爱德华氏菌），其中气单胞菌主要分离自草鱼、鲫、鲤、大口黑鲈、乌鳢、中华绒螯蟹和中华鳖等，是淡水养殖种的主要病原菌，弧菌主要分离自大菱鲆、牙鲆、大黄鱼和对虾等，是海水养殖品种的主要病原菌。另外，假单胞菌主要分离自大黄鱼，爱德华氏菌主要分离自大菱鲆，链球菌主要分离自罗非鱼和黄颡鱼。

2. 假单胞菌呈现显著的多重耐药性

就不同的病原菌而言，气单胞菌对硫酸新霉素和恩诺沙星相对敏感；弧菌对恩诺沙星、硫酸新霉素和盐酸多西环素相对敏感；爱德华氏菌对甲砜霉素和磺胺间甲氧嘧啶钠较为耐药，对恩诺沙星等其他 6 种药物均较敏感；假单胞菌整体耐药性较高，尤其对恩诺沙星、氟苯尼考、甲砜霉素和磺胺甲噁唑/甲氧苄啶的耐药率高于其他病原菌，多重耐药严重；链球菌对磺胺间甲氧嘧啶钠的耐药率略高，对恩诺沙星等其他 7 种抗菌药物均比较敏感。

3. 大黄鱼、中华鳖、大口黑鲈、乌鳢为高耐药风险品种

就不同的养殖品种而言，从鲤科鱼类（草鱼、鲤、鲫）、中华绒螯蟹、对虾和罗非鱼分离的病原菌对 8 种药物比较敏感，从大口黑鲈、乌鳢、中华鳖、大黄鱼分离的病原菌对氟苯尼考、甲砜霉素、磺胺间甲氧嘧啶钠和磺胺甲噁唑/甲氧苄啶的耐药性较强。

4. 恩诺沙星、盐酸多西环素、硫酸新霉素和磺胺甲噁唑/甲氧苄啶对水产养殖动物主要病原菌仍具有较高的杀菌/抑菌能力

就不同的抗菌药物而言，5 类病原菌对磺胺间甲氧嘧啶钠的耐药率较高，对氟苯尼考和甲砜霉素则表现为中度耐药，对恩诺沙星、盐酸多西环素、硫酸新霉素和磺胺甲噁唑/甲氧苄啶的耐药率较低（除假单胞菌外）。

5. 盐酸多西环素和氟苯尼考在水产养殖中不宜频繁使用

通过比较不同病原菌对抗菌药物的耐药变迁发现，2015—2023 年气单胞菌对盐酸多西环素和氟苯尼考的耐药率总体呈上升趋势，2022 年回落后 2023 年又开始反弹；弧菌和链球菌对以上这两种药物的耐药率则较平稳，年度变化不大。气单胞菌、弧菌和链球菌对恩诺沙星和硫酸新霉素的耐药性总体呈下降趋势，对磺胺间甲氧嘧啶钠的耐药率波动较大，但总体呈上升趋势。

不同地区、不同水产养殖动物体内采集的病原菌对各种抗菌药物的敏感性存在较大差异，建议重点关注假单胞菌感染引起的水产养殖动物疾病，以及大口黑鲈、乌鳢、中华鳖、大黄鱼养殖过程中的病害，上述情形需结合药敏测定结果谨慎用药。

地方篇

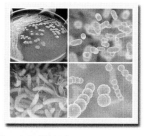

2023 年北京市水产养殖动物主要病原菌耐药性监测分析报告

王小亮　张　文　吕晓楠　王　澎　曹　欢

（北京市水产技术推广站）

为了解掌握水产养殖动物主要病原菌对渔用抗菌药物的耐药性情况及其变化规律，指导科学使用渔用抗菌药物，提高细菌性病害防控成效，推动渔业绿色高质量发展，2023 年北京地区重点从金鱼、锦鲤、鲟、斑点叉尾鮰、大口黑鲈等养殖品种中分离得到嗜水气单胞菌、温和气单胞菌、柱状黄杆菌、爱德华氏菌、链球菌等病原菌87 株，并测定其中 62 株病原菌对 8 种渔用抗菌药物的感受性，具体结果如下。

一、材料和方法

1. 样品采集

采样地点和采样频次：采样地点包括水产养殖"五大行动"骨干基地、水产养殖动物病害测报点、往年开展耐药性普查的养殖场及规模养殖场。采样频次为每月选取养殖场进行采样，整年全覆盖。对于发病养殖场，及时采集样品。

样品采集方法：取发病鱼或游动缓慢的鱼（不少于 5 尾）和原池水装入高压聚乙烯袋，加冰块，立即运回实验室。采集样品时，记录养殖场的发病情况、发病水温、用药情况、鱼类死亡情况等信息。

2. 病原菌分离筛选

取样品鱼，无菌操作取肝、肾、病灶等组织在血琼脂平板上划线分离病原菌，将平板倒置于 28℃生化培养箱培养 24～48h，选取优势菌落在脑心浸液琼脂（BHIA）平板上纯化。

出现疑似细菌性烂鳃病症状的样品鱼，用无菌接种环蘸取鳃组织，划线接种于Shieh 培养基（含妥布霉素）平板，25℃培养 72h，挑取淡黄色或黄色、扁平、假根状菌落在 Shieh 培养基（不含妥布霉素）琼脂平板上纯化。

3. 病原菌鉴定及保存

纯化的菌株采用 API 鉴定系统进行鉴定，部分菌株采用 16S rRNA 和 $gyrB$ 基因进行分子鉴定。内脏组织分离株保存采用脑心浸液肉汤（BHI）培养基 28℃增菌16～20h，鳃组织分离株采用 Shieh 液体培养基 25℃、180r/min 振荡培养 48h，增菌后分装于 2mL 无菌管中，加灭菌甘油使其含量达 30%，然后冻存于－80℃超低温冰箱。

4. 病原菌对抗菌药物感受性检测

供试药物种类有恩诺沙星、硫酸新霉素、甲砜霉素、氟苯尼考、盐酸多西环素、氟甲喹、磺胺间甲氧嘧啶钠、磺胺甲噁唑/甲氧苄啶。药物预埋在药敏检测板中，生产单位为复兴诊断科技（上海）有限公司。测定方法按照产品使用说明书操作。质控菌株采用上海海洋大学赠送的大肠埃希氏菌（ATCC25922）。

5. 数据统计方法

MIC_{50}、MIC_{90}是指在渔用抗菌药物对菌株的最小抑菌浓度（minimal inhibit concentration，MIC）频数分布表中，累计抑制50%菌株和90%菌株所对应的最小抑菌浓度。耐药率是高于耐药性折点（仅适用于气单胞菌、弧菌、假单胞菌、爱德华氏菌等革兰氏阴性菌）的菌株数占检测总菌株数的百分比。

二、药敏测试结果

1. 病原菌分离鉴定总体情况

共从20家养殖场采集45个样品分离87株病原菌，其中嗜水气单胞菌30株、温和气单胞菌28株、柱状黄杆菌10株、爱德华氏菌12株和无乳链球菌7株。嗜水气单胞菌从虹鳟、金鱼、鲟、斑点叉尾鮰和鲂等养殖品种分离获得，温和气单胞菌从金鱼、大口黑鲈、锦鲤、草鱼、鲟、斑点叉尾鮰等养殖品种分离获得，柱状黄杆菌从金鱼、锦鲤、黄颡鱼、鲟和斑点叉尾鮰等养殖品种分离获得，爱德华氏菌从大口黑鲈和斑点叉尾鮰分离获得，无乳链球菌从黄颡鱼分离获得。

2. 病原菌对渔用抗菌药物的耐药性分析

（1）鱼源气单胞菌对渔用抗菌药物的耐药性总体情况

总体上，北京市鱼源气单胞菌对磺胺间甲氧嘧啶钠、磺胺甲噁唑/甲氧苄啶和甲砜霉素的耐药率较高，耐药率分别为36.36%、16.36%和16.36%，各药物对菌株的MIC_{90}值均超过检测范围的上限，即分别为$\geqslant 1\ 024\mu g/mL$、$\geqslant 1\ 216/64\mu g/mL$和$\geqslant 512\mu g/mL$。随后是氟苯尼考，菌株耐药率为10.91%，氟苯尼考对菌株的MIC_{90}为$16\mu g/mL$。相对而言，菌株对盐酸多西环素、硫酸新霉素和恩诺沙星耐药率最低，分别为3.64%、3.64%和5.45%；盐酸多西环素、硫酸新霉素和恩诺沙星对菌株的MIC_{90}值分别为$4\mu g/mL$、$4\mu g/mL$和$1\mu g/mL$。详见表1。

表1　气单胞菌耐药性监测总体情况（$n=55$）

单位：$\mu g/mL$

供试药物	MIC_{50}	MIC_{90}	耐药率（%）	中介率（%）	敏感率（%）	耐药性判定参考值		
						耐药折点	中介折点	敏感折点
恩诺沙星	0.125	1	5.45	5.45	89.10	$\geqslant 4$	1~2	$\leqslant 0.5$
氟苯尼考	0.5	16	10.91	0	89.09	$\geqslant 8$	4	$\leqslant 2$

（续）

供试药物	MIC$_{50}$	MIC$_{90}$	耐药率（%）	中介率（%）	敏感率（%）	耐药性判定参考值		
						耐药折点	中介折点	敏感折点
盐酸多西环素	0.5	4	3.64	3.64	92.73	≥16	8	≤4
磺胺间甲氧嘧啶钠	256	≥1 024	36.36	/	63.64	≥512	—	≤256
磺胺甲噁唑/甲氧苄啶	2.4/0.125	≥1 216/64	16.36	/	83.64	≥76/4	—	≤38/2
硫酸新霉素	1	4	3.64	0	96.36	≥16	8	≤4
甲砜霉素	2	≥512	16.36	/	83.64	≥16	—	≤8
氟甲喹	2	64	/	/	/	—	—	—

注："—"表示无折点；耐药性判定参考值只适用于气单胞菌、弧菌、假单胞菌、爱德华氏菌等革兰氏阴性菌，其他细菌可只统计 MIC$_{50}$和 MIC$_{90}$。

（2）不同种类病原菌对渔用抗菌药物的耐药性结果

①气单胞菌对渔用抗菌药物的耐药性结果

8 种渔用抗菌药物对 55 株气单胞菌（嗜水气单胞菌 30 株、温和气单胞菌 25 株）的 MIC 频数分布情况见表 2 至表 7。

表 2　恩诺沙星对气单胞菌的 MIC 频数分布（n＝55）

供试药物	不同药物浓度（μg/mL）下的菌株数（株）											
	≥32	16	8	4	2	1	0.5	0.25	0.125	0.06	0.03	≤0.015
恩诺沙星	2	0	0	1	1	2	9	11	10	10	1	8

表 3　盐酸多西环素对气单胞菌的 MIC 频数分布（n＝55）

供试药物	不同药物浓度（μg/mL）下的菌株数（株）											
	≥128	64	32	16	8	4	2	1	0.5	0.25	0.125	≤0.06
盐酸多西环素	0	2	0	0	2	5	4	4	18	18	2	0

表 4　硫酸新霉素、氟甲喹对气单胞菌的 MIC 频数分布（n＝55）

供试药物	不同药物浓度（μg/mL）下的菌株数（株）											
	≥256	128	64	32	16	8	4	2	1	0.5	0.25	≤0.125
硫酸新霉素	0	0	2	0	0	0	4	24	12	2	10	1
氟甲喹	2	0	8	11	4	1	1	4	15	0	2	7

表 5　甲砜霉素、氟苯尼考对气单胞菌的 MIC 频数分布（n＝55）

供试药物	不同药物浓度（μg/mL）下的菌株数（株）											
	≥512	256	128	64	32	16	8	4	2	1	0.5	≤0.25
甲砜霉素	6	0	0	0	0	3	0	1	36	9	0	0
氟苯尼考	0	2	0	0	2	2	0	0	0	4	38	7

表 6　磺胺间甲氧嘧啶钠对气单胞菌的 MIC 频数分布（n＝55）

供试药物	不同药物浓度（μg/mL）下的菌株数（株）										
	≥1 024	512	256	128	64	32	16	8	4	2	≤1
磺胺间甲氧嘧啶钠	8	12	18	6	1	5	1	2	1	0	1

表 7　磺胺甲噁唑/甲氧苄啶对气单胞菌的 MIC 频数分布（n＝55）

供试药物	不同药物浓度（μg/mL）下的菌株数（株）										
	≥1 216/64	608/32	304/16	152/8	76/4	38/2	19/1	9.5/0.5	4.8/0.25	2.4/0.12	≤1.2/0.06
磺胺甲噁唑/甲氧苄啶	8	1	0	0	0	0	0	2	1	29	14

　　按嗜水气单胞菌和温和气单胞菌分类统计比较渔用抗菌药物对菌株的 MIC_{90} 及菌株对渔用抗菌药物的耐药率，结果见表 8。从该表可以看出恩诺沙星、硫酸新霉素、甲砜霉素和氟苯尼考对嗜水气单胞菌的 MIC_{90} 高于温和气单胞菌，盐酸多西环素、磺胺间甲氧嘧啶钠和磺胺甲噁唑/甲氧苄啶对嗜水气单胞菌的 MIC_{90} 与温和气单胞菌一致。然而，从每个渔用抗菌药物对两种菌株的 MIC 频数分布形态和集中区间看，两者呈现一致特征。方差分析渔用抗菌药物对嗜水气单胞菌与温和气单胞菌的 MIC 均值，也发现两者之间无显著差异（$P>0.05$）。从嗜水气单胞菌与温和气单胞菌对渔用抗菌药物的耐药率看，嗜水气单胞菌对渔用抗菌药物的耐药率均高于温和气单胞菌，但方差分析表明除嗜水气单胞菌对氟苯尼考的耐药率显著高于温和气单胞菌（$P<0.05$）外，二者对其他渔用抗菌药物的耐药率无显著差异（$P>0.05$）。

表 8　渔用抗菌药物对嗜水气单胞菌和温和气单胞菌的 MIC_{90} 及菌株耐药率

药物种类	MIC_{90}（μg/mL）		耐药率（%）	
	嗜水气单胞菌	温和气单胞菌	嗜水气单胞菌	温和气单胞菌
恩诺沙星	1	0.5	6.67	4.00
硫酸新霉素	1	0.25	6.67	0.00
甲砜霉素	≥512	16	20.00	12.00
氟苯尼考	16	1	16.67	4.00
盐酸多西环素	4	4	6.67	0.00
磺胺间甲氧嘧啶钠	512	512	36.67	36.00
磺胺甲噁唑/甲氧苄啶	≥1 216/64	≥1 216/64	16.67	16.0

　　②爱德华氏菌对渔用抗菌药物的耐药性

　　4 株爱德华氏菌均从同一家养殖企业发病的大口黑鲈分离获得，各种药物对菌株的 MIC 比较集中。恩诺沙星对菌株的 MIC 为 $0.03\mu g/mL$。硫酸新霉素对菌株的 MIC 为 $1\mu g/mL$。甲砜霉素对菌株的 MIC 为 $4\mu g/mL$。氟苯尼考对菌株的 MIC 分布为

0.5μg/mL 1 株、≤0.25μg/mL 3 株。盐酸多西环素对菌株的 MIC 为 1μg/mL。氟甲喹对菌株的 MIC 为 0.25μg/mL。磺胺间甲氧嘧啶钠对菌株的 MIC 分布为 256μg/mL 1 株、512μg/mL 3 株。磺胺甲噁唑/甲氧苄啶对菌株的 MIC 为≤1.2/0.06μg/mL。详见表 9。

表 9　大口黑鲈源爱德华氏菌对渔用抗菌药物的 MIC

单位：μg/mL

细菌编号	菌种鉴定	恩诺沙星	硫酸新霉素	甲砜霉素	氟苯尼考	盐酸多西环素	氟甲喹	磺胺间甲氧嘧啶钠	磺胺甲噁唑/甲氧苄啶
2023714B1	爱德华氏菌	0.03	1	4	≤0.25	1	0.25	512	≤1.2/0.06
2023714H	爱德华氏菌	0.03	1	4	0.5	1	0.25	256	≤1.2/0.06
2023714TR	爱德华氏菌	0.03	1	4	≤0.25	1	0.25	512	≤1.2/0.06
2023714K2	爱德华氏菌	0.03	1	4	≤0.25	1	0.25	512	≤1.2/0.06

③无乳链球菌对渔用抗菌药物的耐药性

3 株无乳链球菌均从同一家养殖企业发病的黄颡鱼分离获得，各种药物对菌株的 MIC 比较集中。恩诺沙星对菌株的 MIC 都为 0.125μg/mL。硫酸新霉素对菌株的 MIC 都为 16μg/mL。甲砜霉素对菌株的 MIC 都为 4μg/mL。氟苯尼考对菌株的 MIC 都为 1μg/mL。盐酸多西环素对菌株的 MIC 都为 0.125μg/mL。氟甲喹对菌株的 MIC 分布为 64μg/mL 1 株、128μg/mL 2 株。磺胺间甲氧嘧啶钠对菌株的 MIC 分布为 32μg/mL 2 株、64μg/mL 1 株。磺胺甲噁唑/甲氧苄啶对菌株的 MIC 为≤1.2/0.06μg/mL。详见表 10。

表 10　黄颡鱼源无乳链球菌对渔用抗菌药物的 MIC

单位：μg/mL

细菌编号	菌种鉴定	恩诺沙星	硫酸新霉素	甲砜霉素	氟苯尼考	盐酸多西环素	氟甲喹	磺胺间甲氧嘧啶钠	磺胺甲噁唑/甲氧苄啶
2023715L1	无乳链球菌	0.125	16	4	1	0.125	128	32	≤1.2/0.06
2023715K1	无乳链球菌	0.125	16	4	1	0.125	64	32	≤1.2/0.06
2023715K2	无乳链球菌	0.125	16	4	1	0.125	128	64	≤1.2/0.06

3. 病原菌耐药性的年度变化情况

比较渔用抗菌药物对 2021 年、2022 年和 2023 年北京市水产养殖动物源气单胞菌的 MIC_{90} 和菌株耐药率，见表 11，结果发现：2023 年与 2021 年、2022 年相比，甲砜霉素、磺胺间甲氧嘧啶钠和磺胺甲噁唑/甲氧苄啶对菌株的 MIC_{90} 呈现大幅上升趋势，硫酸新霉素对菌株的 MIC_{90} 略有上升，恩诺沙星、氟苯尼考和盐酸多西环素对菌株的 MIC_{90} 呈现持平或略有下降趋势。方差分析表明，渔用抗菌药物对 2023 年菌株的 MIC 均值与 2021 年和 2022 年相比，2023 年磺胺间甲氧嘧啶钠和磺胺甲噁唑/甲氧苄啶对菌株的 MIC 均值显著高于 2021 年和 2022 年（$P<0.05$），其他药物对菌株的 MIC 均值与 2021 年、2022 年相比无显著差异（$P>0.05$）。

从耐药率看，与 2021 年、2022 年相比，2023 年分离菌株对硫酸新霉素、磺胺间甲氧嘧啶钠、磺胺甲噁唑/甲氧苄啶的耐药率呈现大幅上升，对恩诺沙星、甲砜霉素、盐酸多西环素的耐药率略有升高，对氟苯尼考的耐药率呈现下降趋势。方差分析表明，2023 年分离菌株对恩诺沙星、盐酸多西环素、磺胺间甲氧嘧啶钠和磺胺甲噁唑/甲氧苄啶的耐药率显著高于 2022 年（$P<0.05$），对甲砜霉素和氟苯尼考的耐药率与 2022 年相比无显著差异（$P>0.05$）；2023 年水产养殖动物病原菌对磺胺间甲氧嘧啶钠的耐药率显著高于 2021 年（$P<0.05$），对其他渔用抗菌药物的耐药率与 2021 年相比无显著差异（$P>0.05$）。

表 11　渔用抗菌药物对 2021 年至 2023 年鱼源气单胞菌的 MIC_{90} 及菌株耐药率

药物种类	MIC_{90}（μg/mL）			耐药率（%）		
	2021 年	2022 年	2023 年	2021 年	2022 年	2023 年
恩诺沙星	2	1	1	5.41	1.72	5.45
硫酸新霉素	2	2	4	0	0	3.64
甲砜霉素	256	256	≥512	13.51	15.52	16.36
氟苯尼考	32	32	16	16.22	13.79	10.91
盐酸多西环素	4	8	4	2.70	1.72	3.64
磺胺间甲氧嘧啶钠	128	32	≥1 024	5.41	5.17	36.36
磺胺甲噁唑/甲氧苄啶	76/4	19/1	≥1 216/64	10.81	8.62	16.36

三、分析与建议

1. 北京市水产养殖动物病原菌以气单胞菌为主，气单胞菌对恩诺沙星、盐酸多西环素、氟苯尼考和硫酸新霉素比较敏感，对磺胺间甲氧嘧啶钠耐药率最高。同时，2023 年的监测结果与往年的监测结果有所不同，这与扩大监测养殖场范围、养殖品种有关，也与调整耐药性折点有关。

2. 耐药性监测发现，不同养殖场分离的病原菌、同一养殖场不同时间分离的病原菌对各种渔用抗菌药物的敏感性不同。理论和实践都表明病原菌体外耐受的渔用抗菌药物体内也一定耐受。这提示我们养殖场确诊细菌性疾病后，有必要开展药物敏感性检测，筛选使用病原菌敏感的抗菌药物。

3. 耐药性监测结果显示，对一种或多种渔用抗菌药物耐受的病原菌，通常来源于长期使用或正在使用这种渔用抗菌药物的养殖场。因此，针对这样的养殖场，在指导养殖生产用药时，首先可以优选病原菌药物敏感性检测筛出的敏感药物，如敏感药物里有磺胺间甲氧嘧啶钠或磺胺甲噁唑/甲氧苄啶，可以先用这类药物。其次，要注意用药方式和剂量，例如氟苯尼考和甲砜霉素均属于剂量依赖性药物，使用过程中很容易使病原菌短时间产生较高的耐药性，使用时应一次给足剂量。再次，要注意轮流使用敏感药物，避免长期使用一种药物造成的耐药性问题。最后，对已经出现多重耐药的病原菌，可以在专业人员指导下选用有效的中草药或者选择联合使用渔用抗菌药物。目前渔用抗菌药物中，只有恩诺沙星和盐酸多西环素联合使用有增效作用，其他渔用抗菌药物联合使用没有增效作用，甚至有拮抗作用。

4. 水产养殖动物疾病的发生，尤其细菌病的发生，是渔用抗菌药物使用的根本原因，渔用抗菌药物压力是水产养殖动物病原菌产生和维持耐药性的根源。因此，遏制病原菌耐药就是减少水产养殖动物发病，可以采用养殖抗病品种、生态养殖方式、拌料使用免疫增强剂、注射疫苗、调控水质、加强养殖管理等诸多措施。

5. 下一步工作建议：遏制病原菌耐药，可以从预防疾病、减少疾病发生，进而减少渔用抗菌药物使用，快速诊断细菌性疾病，避免盲目使用渔用抗菌药物，以及依据药敏检测结果精准使用渔用抗菌药物等方面采取措施。显然，病原菌耐药性普查是后者的一种有效技术手段。考虑到水产养殖业现状，建议从以下方面研究、规范病原菌耐药性监测。一是定点养殖场尽可能长期监测。二是扩大监测养殖场，增加同类的监测品种，例如气单胞菌和柱状黄杆菌可以感染几乎所有的淡水鱼，没有宿主特异性，这样有利于了解整个地区该病原菌的药物感受性现状。三是研究柱状黄杆菌的药敏板法检测规范。四是增加抗菌药物种类，例如以后可能入选治疗链球菌等革兰氏阳性菌的抗菌药物。五是建议研究除病原菌的微生物学折点外的临床折点或 PK/PD 折点。

2023 年天津市水产养殖动物主要病原菌耐药性监测分析报告

徐赟霞　赵良炜　王　禹　张振国

（天津市动物疫病预防控制中心）

为了解掌握水产养殖主要病原菌对渔用抗菌药物的耐药性情况及其变化规律，提高细菌性病害防控成效，推动渔业绿色高质量发展，天津地区重点从鲤、鲫等养殖品种中分离得到嗜水气单胞菌、温和气单胞菌、维氏气单胞菌、豚鼠气单胞菌等病原菌，并测定其对 8 种水产用抗菌药物的敏感性，具体结果如下。

一、材料与方法

1. 样品采集

2023 年 4—10 月对天津市宝坻区牛家牌镇、八门城镇及宁河区南淮淀地区人工养殖鲤、鲫样品进行采集，并在鱼发病时及时采集样品（采集游动缓慢、濒临死亡的病鱼，注原池水打氧，立即运回实验室）。在采集样品的同时记录养殖场的发病情况、死亡率、发病水温、用药情况等相关信息。

2. 病原菌分离筛选

在无菌条件下，取病鱼肝脏、脾脏、肾脏组织在脑心浸液琼脂（BHIA）划线分离后将培养皿置于恒温培养箱中，于（28±1）℃培养 24h 后，挑取单菌落，划线接种于营养琼脂（NA）平板，纯化后备用。

3. 病原菌鉴定及保存

纯化的菌株采用 VITEK 2 Compact 全自动细菌鉴定系统及分子生物学方法（16s rRNA）进行鉴定。鉴定的菌株经胰蛋白胨大豆肉汤（TSB）增殖 16～20h 后，分装于加入灭菌甘油（最终甘油含量达 25％）的 2mL 冻存管中，冻存于−80℃超低温冰箱内。

4. 病原菌的抗菌药物感受性检测

供试药物为恩诺沙星、氟苯尼考、盐酸多西环素、磺胺间甲氧嘧啶钠、磺胺甲噁唑/甲氧苄啶、硫酸新霉素、甲砜霉素。药敏分析板由上海复星医药（集团）股份有限公司生产，测定方法按照说明书进行。质控菌株为 ATCC25922，由上海海洋大学提供。

5. 数据统计方法

数据分析采用 SPSS 软件进行，计算抗菌药物对分离菌株的 MIC_{50}、MIC_{90}。

二、药敏测试结果

1. 病原菌分离鉴定及耐药性总体情况

（1）病原菌分离鉴定情况

2023 年 4—10 月从天津市宝坻区八门城镇、牛家牌镇养殖场及宁河区南淮淀地区人工养鲤、鲫发病鱼体内共分离获得气单胞菌属细菌 46 株，其中维氏气单胞菌 16 株、嗜水气单胞菌 15 株、温和气单胞菌 10 株、豚鼠气单胞菌 5 株（占比见图 1）。

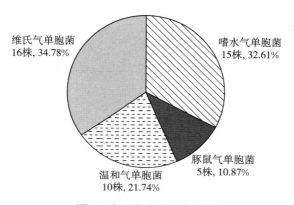

图 1　病原菌分离鉴定情况

（2）病原菌分离耐药性监测总体情况

2023 年天津地区分离的气单胞菌耐药性总体情况及质控菌株药敏结果见表 1、表 2。质控菌株药敏结果均在质控范围内。46 株气单胞菌药敏结果显示：分离菌株对磺胺间甲氧嘧啶钠耐药率最高，为 67.39%，其 MIC_{90} 为 2 169.79μg/mL；对甲砜霉素和氟苯尼考的耐药率均较高，分别为 21.74%、15.22%，其 MIC_{90} 分别为 69.96μg/mL、25.26μg/mL；盐酸多西环素和磺胺甲噁唑/甲氧苄啶的敏感率最高，均为 91.30%；氟甲喹无标准判定耐药率，但其 MIC_{90} 却高达 152.75μg/mL，表现出较高的耐药性。

表 1　抗菌药物对质控菌株的 MIC

单位：μg/mL

质控菌株	恩诺沙星	硫酸新霉素	甲砜霉素	氟苯尼考	盐酸多西环素	氟甲喹	磺胺间甲氧嘧啶钠	磺胺甲噁唑/甲氧苄啶
ATCC25922	0.015	1	128	8	1	0.25	64	1.2/0.06
ATCC25922	0.015	2	128	8	1	0.25	64	1.2/0.06
ATCC25922	0.015	1	128	8	1	0.25	64	1.2/0.06

表 2 气单胞菌耐药性监测总体情况 （$n=46$）

单位：$\mu g/mL$

供试药物	MIC$_{50}$	MIC$_{90}$	耐药率	中介率	敏感率	耐药性判定参考值		
						耐药折点	中介折点	敏感折点
恩诺沙星	0.19	2.11	10.9%	13.0%	76.1%	≥4	1～2	≤0.5
氟苯尼考	0.19	25.26	15.22%	0	84.78%	≥8	4	≤2
盐酸多西环素	0.78	4.36	8.70%	2.17%	89.13%	≥16	8	≤4
磺胺间甲氧嘧啶钠	250.67	2 169.79	67.39%	/	32.61%	≥512	—	≤256
磺胺甲噁唑/甲氧苄啶	0.67/0.04	42.70/2.23	8.70%	/	91.30%	≥76/4	—	≤38/2
硫酸新霉素	1.53	6.09	6.53%	2.17%	91.30%	≥16	8	≤4
甲砜霉素	3.02	69.96	21.74%	/	78.26%	≥16	—	≤8
氟甲喹	5.38	152.75	/	/	/	—	—	—

注："—"表示无折点。

2. 病原菌对不同抗菌药物的耐药性分析

（1）嗜水气单胞菌对不同抗菌药物的耐药性分析

15 株嗜水气单胞菌对抗菌药物的感受性分布情况及 MIC$_{50}$、MIC$_{90}$ 见表 3 至表 8。结果显示：8 种抗菌药物对嗜水气单胞菌的 MIC 分布均较为集中，其中恩诺沙星对 93.3% 的菌株的 MIC 集中在 0.25$\mu g/mL$ 及以下；盐酸多西环素对 93.3% 的菌株的 MIC 集中在 0.25～1$\mu g/mL$；硫酸新霉素对所有分离菌株的 MIC 均在 4$\mu g/mL$ 以下；氟甲喹对 93.3% 的菌株的 MIC 集中在 2$\mu g/mL$ 及以下；甲砜霉素对 86.7% 的菌株的 MIC 集中在 1～4$\mu g/mL$；氟苯尼考对 93.3% 的菌株的 MIC 集中在 0.5～1$\mu g/mL$；磺胺间甲氧嘧啶钠对 80.0% 的菌株的 MIC 集中在 512$\mu g/mL$ 及以上；磺胺甲噁唑/甲氧苄啶对 93.3% 的菌株的 MIC 集中在 4.8/0.25$\mu g/mL$ 及以下。

表 3 恩诺沙星对嗜水气单胞菌的 MIC 频数分布 （$n=15$）

供试药物	MIC$_{50}$ ($\mu g/mL$)	MIC$_{90}$ ($\mu g/mL$)	不同药物浓度 （$\mu g/mL$） 下的菌株数 （株）											
			≥32	16	8	4	2	1	0.5	0.25	0.125	0.06	0.03	≤0.015
恩诺沙星	0.03	0.27	0	0	0	0	1	0	0	1	3	3	1	6

表 4 盐酸多西环素对嗜水气单胞菌的 MIC 频数分布 （$n=15$）

供试药物	MIC$_{50}$ ($\mu g/mL$)	MIC$_{90}$ ($\mu g/mL$)	不同药物浓度 （$\mu g/mL$） 下的菌株数 （株）									
			128	64	32	16	8	4	2	1	0.5	0.25	0.125	≤0.06
盐酸多西环素	0.37	0.89	0	0	0	0	0	0	1	0	1	9	4	0	0

表 5　硫酸新霉素、氟甲喹对嗜水气单胞菌的 MIC 频数分布（n=15）

供试药物	MIC$_{50}$（μg/mL）	MIC$_{90}$（μg/mL）	不同药物浓度（μg/mL）下的菌株数（株）											
			≥256	128	64	32	16	8	4	2	1	0.5	0.25	≤0.125
硫酸新霉素	0.76	1.74	0	0	0	0	0	0	2	2	6	5	0	0
氟甲喹	0.44	5.16	0	0	1	0	0	0	0	4	2	3	2	3

表 6　甲砜霉素、氟苯尼考对嗜水气单胞菌的 MIC 频数分布（n=15）

供试药物	MIC$_{50}$（μg/mL）	MIC$_{90}$（μg/mL）	不同药物浓度（μg/mL）下的菌株数（株）											
			≥512	256	128	64	32	16	8	4	2	1	0.5	≤0.25
甲砜霉素	2.18	11.71	0	0	1	0	0	1	0	2	8	3	0	0
氟苯尼考	0.46	1.39	0	0	0	0	0	1	0	0	0	2	12	0

表 7　磺胺间甲氧嘧啶钠对嗜水气单胞菌的 MIC 频数分布（n=15）

供试药物	MIC$_{50}$（μg/mL）	MIC$_{90}$（μg/mL）	不同药物浓度（μg/mL）下的菌株数（株）									
			≥1 024	512	256	128	64	32	16	8	4	2	≤1
磺胺间甲氧嘧啶钠	316.11	1 247.54	6	6	0	0	3	0	0	0	0	0	0

表 8　磺胺甲噁唑/甲氧苄啶对嗜水气单胞菌的 MIC 频数分布（n=15）

供试药物	MIC$_{50}$（μg/mL）	MIC$_{90}$（μg/mL）	不同药物浓度（μg/mL）下的菌株数（株）										
			≥1 216/64	≥608/32	304/16	152/8	76/4	38/2	19/1	9.5/0.5	4.8/0.25	2.4/0.12	≤1.2/0.06
磺胺甲噁唑/甲氧苄啶	0.44/0.02	32.18/1.67	1	0	0	0	0	0	0	0	1	10	3

（2）维氏气单胞菌对不同抗菌药物的耐药性分析

16 株维氏气单胞菌对抗菌药物的感受性分布情况及 MIC$_{50}$、MIC$_{90}$见表 9 至表 14。结果显示：硫酸新霉素、甲砜霉素、氟苯尼考、磺胺间甲氧嘧啶钠、磺胺甲噁唑/甲氧苄啶对分离菌株的 MIC 分布较为集中，恩诺沙星、盐酸多西环素、氟甲喹的 MIC 分布较为分散。硫酸新霉素对 93.8% 的菌株的 MIC 集中在 1~4μg/mL；甲砜霉素对 68.8% 的菌株的 MIC 集中在 1~2μg/mL；氟苯尼考对 75.0% 的菌株的 MIC 集中在 0.5μg/mL 及以下；磺胺间甲氧嘧啶钠对 81.3% 的菌株的 MIC 集中在 256μg/mL 及以上；磺胺甲噁唑/甲氧苄啶对 81.3% 的菌株的 MIC 集中在 2.4/0.12μg/mL 及以下。恩诺沙星对 87.5% 的菌株的 MIC 分散在 0.06~2μg/mL；盐酸多西环素对 87.5% 的菌株的 MIC 分散在 0.125~4μg/mL；氟甲喹对 81.3% 的菌株的 MIC 分散在 8μg/mL 及以上。

表 9　恩诺沙星对维氏气单胞菌的 MIC 频数分布（$n=16$）

供试药物	MIC$_{50}$ (μg/mL)	MIC$_{90}$ (μg/mL)	不同药物浓度（μg/mL）下的菌株数（株）											
			≥32	16	8	4	2	1	0.5	0.25	0.125	0.06	0.03	≤0.015
恩诺沙星	0.50	3.53	1	0	1	0	2	1	6	3	1	1	0	0

表 10　盐酸多西环素对维氏气单胞菌的 MIC 频数分布（$n=16$）

供试药物	MIC$_{50}$ (μg/mL)	MIC$_{90}$ (μg/mL)	不同药物浓度（μg/mL）下的菌株数（株）											
			128	64	32	16	8	4	2	1	0.5	0.25	0.125	≤0.06
盐酸多西环素	1.24	7.83	0	0	1	0	1	0	5	3	0	4	1	1

表 11　硫酸新霉素、氟甲喹对维氏气单胞菌的 MIC 频数分布（$n=16$）

供试药物	MIC$_{50}$ (μg/mL)	MIC$_{90}$ (μg/mL)	不同药物浓度（μg/mL）下的菌株数（株）											
			≥256	128	64	32	16	8	4	2	1	0.5	0.25	≤0.125
硫酸新霉素	1.83	9.28	0	1	0	0	0	0	4	5	6	0	0	0
氟甲喹	19.25	202.80	2	2	0	1	1	2	0	1	2	0	0	0

表 12　甲砜霉素、氟苯尼考对维氏气单胞菌的 MIC 频数分布（$n=16$）

供试药物	MIC$_{50}$ (μg/mL)	MIC$_{90}$ (μg/mL)	不同药物浓度（μg/mL）下的菌株数（株）											
			≥512	256	128	64	32	16	8	4	2	1	0.5	≤0.25
甲砜霉素	4.99	316.61	4	0	1	0	0	0	0	0	5	6	0	0
氟苯尼考	0.40	120.85	2	0	0	2	0	0	0	0	0	0	11	1

表 13　磺胺间甲氧嘧啶钠对维氏气单胞菌的 MIC 频数分布（$n=16$）

供试药物	MIC$_{50}$ (μg/mL)	MIC$_{90}$ (μg/mL)	不同药物浓度（μg/mL）下的菌株数（株）										
			≥1 024	512	256	128	64	32	16	8	4	2	≤1
磺胺间甲氧嘧啶钠	296.17	2 292.83	8	3	2	0	0	2	1	0	0	0	0

表 14　磺胺甲噁唑/甲氧苄啶对维氏气单胞菌的 MIC 频数分布（$n=16$）

供试药物	MIC$_{50}$ (μg/mL)	MIC$_{90}$ (μg/mL)	不同药物浓度（μg/mL）下的菌株数（株）										
			≥1 216/64	≥608/32	304/16	152/8	76/4	38/2	19/1	9.5/0.5	4.8/0.25	2.4/0.12	≤1.2/0.06
磺胺甲噁唑/甲氧苄啶	0.46/0.02	119.68/6.23	2	0	0	0	0	0	1	0	0	10	3

（3）温和气单胞菌对不同抗菌药物的耐药性分析

10 株温和气单胞菌对抗菌药物的感受性分布情况及 MIC$_{50}$、MIC$_{90}$ 见表 15 至表 20。结果显示：盐酸多西环素、硫酸新霉素、氟苯尼考、磺胺甲噁唑/甲氧苄啶对分离菌株的 MIC 分布较为集中：盐酸多西环素对所有分离菌株的 MIC 集中在 $0.25\sim4\mu g/mL$；硫酸新霉素对所有菌株的 MIC 集中在 $2\sim8\mu g/mL$；氟苯尼考对 90.0% 的菌株的 MIC 集中在 $0.5\mu g/mL$ 及以下；磺胺甲噁唑/甲氧苄啶对所有菌株的 MIC 集中在 $4.8/0.25\mu g/mL$ 及以下。恩诺沙星对分离菌株的 MIC 分散在 $0.125\sim4\mu g/mL$；氟甲喹对分离菌株的 MIC 分散在 $0.5\sim128\mu g/mL$；甲砜霉素对分离菌株的 MIC 分散在 $1\sim256\mu g/mL$；磺胺间甲氧嘧啶钠对分离菌株的 MIC 分散在 $16\mu g/mL$ 及以上。

表 15　恩诺沙星对温和气单胞菌的 MIC 频数分布（$n=10$）

供试药物	MIC_{50} ($\mu g/mL$)	MIC_{90} ($\mu g/mL$)	不同药物浓度（$\mu g/mL$）下的菌株数（株）											
			≥32	16	8	4	2	1	0.5	0.25	0.125	0.06	0.03	≤0.015
恩诺沙星	0.32	1.55	0	0	0	2	0	1	1	3	3	0	0	0

表 16　盐酸多西环素对温和气单胞菌的 MIC 频数分布（$n=10$）

供试药物	MIC_{50} ($\mu g/mL$)	MIC_{90} ($\mu g/mL$)	不同药物浓度（$\mu g/mL$）下的菌株数（株）											
			128	64	32	16	8	4	2	1	0.5	0.25	0.125	≤0.06
盐酸多西环素	0.48	1.35	0	0	0	0	0	1	1	1	5	2	0	0

表 17　硫酸新霉素、氟甲喹对温和气单胞菌的 MIC 频数分布（$n=10$）

供试药物	MIC_{50} ($\mu g/mL$)	MIC_{90} ($\mu g/mL$)	不同药物浓度（$\mu g/mL$）下的菌株数（株）											
			≥256	128	64	32	16	8	4	2	1	0.5	0.25	≤0.125
硫酸新霉素	2.02	3.54	0	0	0	0	0	1	3	6	0	0	0	0
氟甲喹	12.15	159.72	0	2	4	0	0	0	1	2	0	1	0	0

表 18　甲砜霉素、氟苯尼考对温和气单胞菌的 MIC 频数分布（$n=10$）

供试药物	MIC_{50} ($\mu g/mL$)	MIC_{90} ($\mu g/mL$)	不同药物浓度（$\mu g/mL$）下的菌株数（株）											
			≥512	256	128	64	32	16	8	4	2	1	0.5	≤0.25
甲砜霉素	1.51	29.26	0	2	4	0	0	0	1	2	0	1	0	0
氟苯尼考	0.04	12.12	0	1	0	0	0	0	0	0	0	0	6	3

表 19　磺胺间甲氧嘧啶钠对温和气单胞菌的 MIC 频数分布（$n=10$）

供试药物	MIC_{50} ($\mu g/mL$)	MIC_{90} ($\mu g/mL$)	不同药物浓度（$\mu g/mL$）下的菌株数（株）										
			≥1 024	512	256	128	64	32	16	8	4	2	≤1
磺胺间甲氧嘧啶钠	172.25	2 465.54	5	1	0	0	1	0	3	0	0	0	0

表 20　磺胺甲噁唑/甲氧苄啶对温和气单胞菌的 MIC 频数分布（$n=10$）

供试药物	MIC$_{50}$ (μg/mL)	MIC$_{90}$ (μg/mL)	不同药物浓度（μg/mL）下的菌株数（株）									
			≥1 216/64	≥608/32	304/16	152/8	76/4	38/2	19/1	9.5/0.5	4.8/0.25	2.4/0.12	≤1.2/0.06
磺胺甲噁唑/甲氧苄啶	1.46/0.07	2.95/0.17	0	0	0	0	0	0	0	0	1	6	3

（4）豚鼠气单胞菌对不同抗菌药物的耐药性

5 株豚鼠气单胞菌对抗菌药物的感受性结果见表 21，结果显示：恩诺沙星对分离菌株的 MIC 较为集中，分布在 0.125～2μg/mL；氟苯尼考对 4 株菌株的 MIC 均为 0.5μg/mL，剩下的 1 株菌在 512μg/mL 及以上；其余 6 种药物对分离菌株的 MIC 较为分散。

表 21　渔用抗菌药物对豚鼠气单胞菌的 MIC

单位：μg/mL

菌株编号	恩诺沙星	硫酸新霉素	甲砜霉素	氟苯尼考	盐酸多西环素	氟甲喹	磺胺间甲氧嘧啶钠	磺胺甲噁唑/甲氧苄啶
BDL202305183	0.25	16	2	0.5	16	32	256	2.4/0.125
BDL202307032	0.125	2	2	0.5	1	1	8	≤1.2/0.06
BDL202307211	0.25	16	2	0.5	8	128	512	2.4/0.125
BDL202310181	2	4	≥512	512	16	128	≥1 024	76/4
BDJ202310182	1	2	32	0.5	4	64	128	38/2

（5）不同种类气单胞菌之间耐药性比较

统计嗜水气单胞菌、维氏气单胞菌、温和气单胞菌药敏检测结果，进行克鲁斯卡尔-沃利斯检验，结果见表 22。结果显示：3 种细菌对恩诺沙星、硫酸新霉素、盐酸多西环素、氟甲喹的感受性存在差异（$P<0.05$）。经 Bonferroni 法校正显著性水平（表 23）后两两比较发现，嗜水气单胞菌与温和气单胞菌、维氏气单胞菌对恩诺沙星、氟甲喹的感受性存在差异（$P<0.05$），嗜水气单胞菌与维氏气单胞菌对盐酸多西环素的感受性存在差异（$P<0.05$），嗜水气单胞菌与温和气单胞菌对硫酸新霉素的感受性存在差异（$P<0.05$）。

表 22　3 种气单胞菌的克鲁斯卡尔-沃利斯检验统计

	恩诺沙星	硫酸新霉素	甲砜霉素	氟苯尼考	盐酸多西环素	氟甲喹	磺胺间甲氧嘧啶钠	磺胺甲噁唑/甲氧苄啶
克鲁斯卡尔-沃利斯 H（K）	18.489	11.582	1.296	3.550	7.193	18.366	0.284	0.813
自由度	2	2	2	2	2	2	2	2
渐近显著性	0.000	0.003	0.523	0.170	0.027	0.000	0.868	0.666

表 23　3 种气单胞菌对抗菌药物感受性的两两比较结果

药物	样本 1-样本 2	检验统计	标准误差	标准检验统计	显著性	Adj. 显著性
恩诺沙星	嗜水气-温和气	−14.417	4.844	−2.976	0.003	0.009
	嗜水气-维氏气	−17.554	4.264	−4.117	0.000	0.000
	温和气-维氏气	−3.137	4.783	−0.656	0.512	1.000
盐酸多西环素	嗜水气-温和气	−3.083	4.652	−0.663	0.507	1.000
	嗜水气-维氏气	−10.715	4.095	−2.616	0.009	0.027
	温和气-维氏气	−7.631	4.594	−1.661	0.097	0.290
硫酸新霉素	嗜水气-维氏气	−9.658	4.155	−2.325	0.020	0.060
	嗜水气-温和气	−15.433	4.719	−3.270	0.001	0.003
	维氏气-温和气	5.775	4.660	1.239	0.215	0.646
氟甲喹	嗜水气-温和气	−15.350	4.835	−3.175	0.002	0.005
	嗜水气-维氏气	−17.056	4.257	−4.007	0.000	0.000
	温和气-维氏气	−1.706	4.774	−0.357	0.721	1.000

注：显著性水平为 0.05。

根据药敏试验结果，计算对除氟甲喹外的 7 种药物的敏感率，结果见图 2。虽然 3 种病原菌对恩诺沙星、硫酸新霉素、盐酸多西环素的感受性差异显著，但 3 种气单胞菌对硫酸新霉素的敏感率均在 90.0% 以上，对盐酸多西环素的敏感率均在 85.0% 以上，对恩诺沙星的敏感率均在 65% 以上。

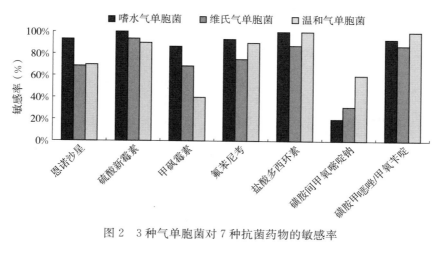

图 2　3 种气单胞菌对 7 种抗菌药物的敏感率

3. 2022—2023 年病原菌耐药性变化情况

（1）病原菌年度耐药性变化总体情况

将 2022 年和 2023 年不同抗菌药物对鱼源气单胞菌的 MIC_{50} 和 MIC_{90} 进行比较，结果见图 3、图 4。结果显示：甲砜霉素、氟苯尼考、磺胺甲噁唑/甲氧苄啶的 MIC_{50} 均有不同程度的降低，氟苯尼考和磺胺甲噁唑/甲氧苄啶降低的幅度较大，分别降低了 91.2％和 99.1％；恩诺沙星、硫酸新霉素、盐酸多西环素、氟甲喹、磺胺间甲氧嘧啶钠的 MIC_{50} 均有不同程度的升高，氟甲喹和磺胺间甲氧嘧啶钠升高的幅度较大，分别升高了 23.45 倍和 2.02 倍。甲砜霉素、磺胺甲噁唑/甲氧苄啶的 MIC_{90} 均有不同程度的降低，磺胺甲噁唑/甲氧苄啶降低的幅度最大，下降了 92.2％；恩诺沙星、硫酸新霉素、氟苯尼考、盐酸多西环素、氟甲喹、磺胺间甲氧嘧啶钠的 MIC_{90} 均有不同程度的升高，其中氟甲喹和磺胺间甲氧嘧啶钠升高的幅度较大，分别升高了 14.35 倍和 3.55 倍。

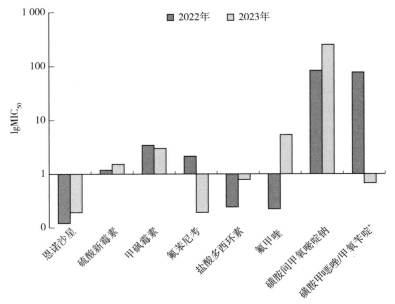

图 3　不同抗菌药物对气单胞菌属细菌的 MIC_{50} （μg/mL）年度变化

（＊：图中仅以磺胺甲噁唑浓度的对数值表示 MIC_{50} 变化情况）

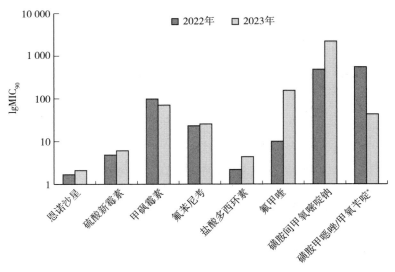

图 4　不同抗菌药物对气单胞菌属细菌的 MIC_{90} （μg/mL）年度变化

（＊：图中仅以磺胺甲噁唑浓度的对数值表示 MIC_{90} 变化情况）

将 2022 年与 2023 年药敏检测结果经曼-惠特尼 U 检验分析，结果见表 24。结果显示：2022 年与 2023 年分离菌株对氟苯尼考、盐酸多西环素、氟甲喹、磺胺间甲氧嘧啶钠、磺胺甲噁唑/甲氧苄啶的感受性差异显著（$P<0.05$）。

表 24　2022—2023 分离菌株药敏结果曼-惠特尼 U 检验统计

	恩诺沙星	硫酸新霉素	甲砜霉素	氟苯尼考	盐酸多西环素	氟甲喹	磺胺间甲氧嘧啶钠	磺胺甲噁唑/甲氧苄啶
曼-惠特尼 U	1 063.500	1 049.500	1 164.000	384.500	596.500	551.500	743.500	232.500
威尔科克森 W	2 548.500	2 534.500	2 245.000	1 465.500	2 081.500	2 036.500	2 228.500	1 313.500
Z	−1.247	−1.377	−0.558	−6.168	−4.584	−4.813	−3.517	−7.089
渐近显著性（双尾）	0.212	0.169	0.577	0.000	0.000	0.000	0.000	0.000

（2）不同种类病原菌年度耐药性变化情况

通过对 2022 年与 2023 年不同抗菌药物对嗜水气单胞菌、温和气单胞菌的 MIC_{90} 比较发现（图 5、图 6），嗜水气单胞菌对恩诺沙星、硫酸新霉素、甲砜霉素、氟苯尼考、磺胺甲噁唑/甲氧苄啶的感受性均有不同程度的降低，磺胺甲噁唑/甲氧苄啶降低幅度最大，降低了 94.5%，其次为氟苯尼考，降低了 81.6%；对盐酸多西环素、氟甲喹、磺胺间甲氧嘧啶钠均有不同程度的升高，磺胺间甲氧嘧啶钠升高幅度最大，升高了 1.47 倍。温和气单胞菌对恩诺沙星、硫酸新霉素、甲砜霉素、氟苯尼考、盐酸多西环素、磺胺甲噁唑/甲氧苄啶的感受性均有不同程度降低，其中磺胺甲噁唑/甲氧苄啶降低幅度最大，降低了 99.1%，其次为甲砜霉素，降低了 81.8%，恩诺沙星和硫酸新霉素的降低幅度均在 70.0% 以上；温和气单胞菌对氟甲喹、磺胺间甲氧嘧啶钠的感受性均有大幅升高，分别升高了 14.91 倍和 5.83 倍。

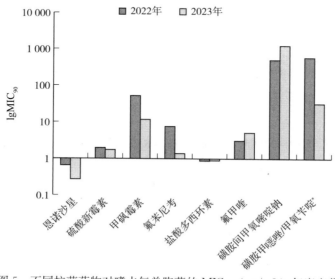

图 5　不同抗菌药物对嗜水气单胞菌的 MIC_{90}（$\mu g/mL$）年度变化

（*：图中仅以磺胺甲噁唑浓度的对数值表示 MIC_{90} 变化情况）

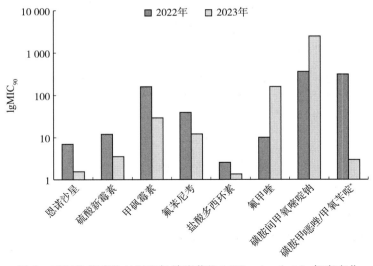

图 6　不同抗菌药物对温和气单胞菌的 MIC$_{90}$（μg/mL）年度变化

（＊：图中仅以磺胺甲噁唑浓度的对数值表示 MIC$_{90}$变化情况）

　　将 2022 年与 2023 年嗜水气单胞菌和温和气单胞菌药敏检测结果经曼-惠特尼 U 检验分析，结果见表 25、表 26。结果显示：2022 年和 2023 年分离的嗜水气单胞菌对恩诺沙星、氟苯尼考、盐酸多西环素、磺胺间甲氧嘧啶钠、磺胺甲噁唑/甲氧苄啶的感受性差异显著（$P<0.05$）；2022 年和 2023 年分离的温和气单胞菌对氟苯尼考、氟甲喹、磺胺甲噁唑/甲氧苄啶的感受性差异显著（$P<0.05$）。

表 25　2022—2023 年嗜水气单胞菌药敏结果的曼-惠特尼 U 检验统计

	恩诺沙星	硫酸新霉素	甲砜霉素	氟苯尼考	盐酸多西环素	氟甲喹	磺胺间甲氧嘧啶钠	磺胺甲噁唑/甲氧苄啶
曼-惠特尼 U	152.500	231.500	165.500	30.000	147.000	181.500	124.500	33.000
威尔科克森 W	272.500	351.500	285.500	150.000	675.000	709.500	652.500	153.000
Z	−2.029	−0.203	−1.804	−5.455	−2.302	−1.362	−2.713	−4.821
渐近显著性（双尾）	0.042	0.839	0.071	0.000	0.021	0.173	0.007	0.000

表 26　2022—2023 年温和气单胞菌药敏结果的曼-惠特尼 U 检验统计

	恩诺沙星	硫酸新霉素	甲砜霉素	氟苯尼考	盐酸多西环素	氟甲喹	磺胺间甲氧嘧啶钠	磺胺甲噁唑/甲氧苄啶
曼-惠特尼 U	74.500	83.000	67.500	19.000	54.500	24.500	67.500	1.000
威尔科克森 W	227.500	236.000	220.500	74.000	207.500	177.500	220.500	56.000
Z	−0.534	−0.107	−0.927	−3.437	−1.552	−3.073	−0.899	−4.259
渐近显著性（双尾）	0.593	0.914	0.354	.001	0.121	0.002	0.369	0.000

三、分析与建议

全市分离的气单胞菌属细菌对恩诺沙星、硫酸新霉素、盐酸多西环素、甲砜霉素、氟苯尼考、磺胺甲噁唑/甲氧苄啶的敏感率均在 70.0% 以上，值得注意的是，恩诺沙星、硫酸新霉素、氟苯尼考、盐酸多西环素的 MIC_{90} 均有不同程度的升高，在使用中需要注意以下几个问题：

氟苯尼考和甲砜霉素属于剂量依赖型药物，使用过程中细菌很容易在药物刺激下短时间产生较高的耐药性，因此在治疗过程中建议根据药敏检测结果给足药物使用的剂量，并与其他药物轮换使用，延长药物使用间隔时间。

磺胺甲噁唑/甲氧苄啶和硫酸新霉素虽然体外抑菌效果较好，但这两种药物口服吸收效果较差，因此建议仅用于治疗肠道疾病。

氟苯尼考和恩诺沙星不能同时使用，会降低药物疗效，建议使用渔用抗菌药物治疗水产动物疾病时每次使用一种药物，避免多种药物同时使用产生拮抗作用。

2023 年河北省水产养殖动物主要病原菌耐药性监测分析报告

蒋红艳　秦亚伟　刘晓丽　孙绍永

（河北省水产技术推广总站）

为了解掌握水产养殖主要病原菌对渔用抗菌药物的耐药性情况及其变化规律，指导科学使用渔用抗菌药物，提高细菌性病害防控成效，推动渔业绿色高质量发展，河北石家庄、保定及秦皇岛地区重点从中华鳖及牙鲆养殖品种中分离得到嗜水气单胞菌、维氏气单胞菌、溶藻弧菌等病原菌，并测定其对 8 种渔用抗菌药物的敏感性，具体结果如下。

一、材料和方法

1. 样品采集

2023 年，选定河北石家庄、保定和秦皇岛的 6 个水产养殖场为样品采集地点，样品采集品种为中华鳖、牙鲆。4—10 月，每月采样 1 次，采样数量为 74 个。采样原则为：每月尽可能采集出现病症的活鳖及牙鲆。由实验室检测人员到现场进行无菌操作分离病原菌。

2. 病原菌分离筛选

对于有病症样品，将病灶部位进行 LB 培养基培养、TCBS 琼脂培养基培养以分离细菌；对于无病症样品，则将肝、脾、肾、肺、底板等部位进行培养分离细菌。30℃培养后使用 LB 培养基和 TCBS 培养基进行细菌纯化。

3. 病原菌鉴定及保存

纯化好的细菌用 25％甘油冷冻保存。同时将增殖菌株进行测序鉴定，筛选出细菌进行后续实验。

二、药敏测试结果

1. 病原菌分离鉴定总体情况

2023 年 4—10 月共分离细菌 4 种。自中华鳖分离鉴定出气单胞菌属致病菌 68 株，包括（图 1）：嗜水气单胞菌 36 株（53％）、维氏气单胞菌 32 株（47％）。自牙鲆分离鉴定出弧菌属致病菌 75 株，包括（图 2）：溶藻弧菌 40 株（53％）、创伤弧菌 35 株（47％）。

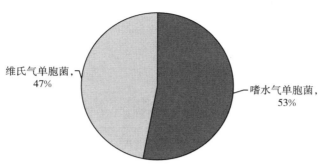

图 1　2023 年河北省分离病原菌情况（中华鳖）

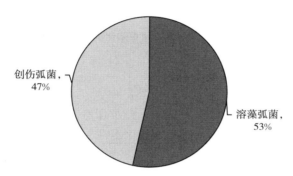

图 2　2023 年河北省分离病原菌情况（牙鲆）

2. 病原菌对不同抗菌药物的耐药性分析

（1）嗜水气单胞菌耐药性总体情况

36 株嗜水气单胞菌对各渔用抗菌药物的耐药监测情况见表 1 至表 7。

表 1　嗜水气单胞菌耐药性监测总体情况（$n=36$）

单位：µg/mL

供试药物	MIC$_{50}$	MIC$_{90}$	耐药率	中介率	敏感率	耐药性判定参考值		
						耐药折点	中介折点	敏感折点
恩诺沙星	0.99	20.31	44.4%	22.2%	33.4%	≥4	1～2	≤0.5
氟苯尼考	76.82	511.86	91.7%	0	8.3%	≥8	4	≤2
盐酸多西环素	6.87	115.72	44.4%	19.4%	36.2%	≥16	8	≤4
磺胺间甲氧嘧啶钠	130.23	1 006.57	72.2%	/	27.8%	≥512	—	≤256
磺胺甲噁唑/甲氧苄啶	70.88/3.72	767.98/40.59	83.3%	/	16.7%	≥76/4	—	≤38/2
硫酸新霉素	1.52	22.56	16.7%	0	83.3%	≥16	8	≤4
甲砜霉素	136.08	455.24	100.0%	/	0	≥16	—	≤8
氟甲喹	2.00	43.11	/			—	—	—

注："—"表示无折点。

表 2　恩诺沙星对嗜水气单胞菌的 MIC 频数分布（$n=36$）

供试药物	不同药物浓度（μg/mL）下的菌株数（株）											
	≥32	≥16	8	4	2	1	0.5	0.25	0.125	0.06	0.03	≤0.015
恩诺沙星	5	11			8	2		6	1		3	

表 3　盐酸多西环素对嗜水气单胞菌的 MIC 频数分布（$n=36$）

供试药物	不同药物浓度（μg/mL）下的菌株数（株）											
	128	64	32	16	8	4	2	1	0.5	0.25	0.125	≤0.06
盐酸多西环素	16				7	5	2	2	3		1	

表 4　硫酸新霉素、氟甲喹对嗜水气单胞菌的 MIC 频数分布（$n=36$）

供试药物	不同药物浓度（μg/mL）下的菌株数（株）											
	≥256	128	64	32	16	8	4	2	1	0.5	0.25	≤0.125
硫酸新霉素	2		2	2		5	8	5	4		8	
氟甲喹	4			4	10	2			5	1	10	

表 5　甲砜霉素、氟苯尼考对嗜水气单胞菌的 MIC 频数分布（$n=36$）

供试药物	不同药物浓度（μg/mL）下的菌株数（株）											
	≥512	256	128	64	32	16	8	4	2	1	0.5	≤0.25
甲砜霉素	28			5	3							
氟苯尼考	20	2	1	3	2	1	4		3			

表 6　磺胺间甲氧嘧啶钠对嗜水气单胞菌的 MIC 频数分布（$n=36$）

供试药物	不同药物浓度（μg/mL）下的菌株数（株）										
	≥1 024	512	256	128	64	32	16	8	4	2	≤1
磺胺间甲氧嘧啶钠	21	5	2		3	1	2	2			

表 7　磺胺甲噁唑/甲氧苄啶对嗜水气单胞菌的 MIC 频数分布（$n=36$）

供试药物	不同药物浓度（μg/mL）下的菌株数（株）										
	≥1 216/64	≥608/32	304/16	152/8	76/4	38/2	19/1	9.5/0.5	4.8/0.25	2.4/0.12	≤1.2/0.06
磺胺甲噁唑/甲氧苄啶	20	3	5		2			3	3		

（2）维氏气单胞菌耐药性总体情况

32 株维氏气单胞菌对各渔用抗菌药物的耐药监测情况见表 8 至表 14。

表 8　维氏气单胞菌耐药性监测总体情况（$n=32$）

单位：$\mu g/mL$

供试药物	MIC$_{50}$	MIC$_{90}$	耐药率	中介率	敏感率	耐药性判定参考值		
						耐药折点	中介折点	敏感折点
恩诺沙星	4.68	29.53	46.9%	53.1%	0	≥4	1~2	≤0.5
氟苯尼考	22.78	271.54	90.6%	0	9.4%	≥8	4	≤2
盐酸多西环素	2.68	21.90	25.0%	15.6%	59.4%	≥16	8	≤4
磺胺间甲氧嘧啶钠	51.18	979.81	62.5%	/	37.5%	≥512	—	≤256
磺胺甲噁唑/甲氧苄啶	252.64/1.32	1 119.55/55.72	62.5%	/	37.5%	≥76/4	—	≤38/2
硫酸新霉素	1.35	4.80	9.4%	/	90.6%	≥16	8	≤4
甲砜霉素	86.72	518.51	87.5%	/	12.5%	≥16	—	≤8
氟甲喹	7.70	49.78	/	/	/			

注："—"表示无折点。

表 9　恩诺沙星对维氏气单胞菌的 MIC 频数分布（$n=32$）

供试药物	不同药物浓度（$\mu g/mL$）下的菌株数（株）											
	≥32	≥16	8	4	2	1	0.5	0.25	0.125	0.06	0.03	≤0.015
恩诺沙星	3	5		7	10	7						

表 10　盐酸多西环素对维氏气单胞菌的 MIC 频数分布（$n=32$）

供试药物	不同药物浓度（$\mu g/mL$）下的菌株数（株）											
	128	64	32	16	8	4	2	1	0.5	0.25	0.125	≤0.06
盐酸多西环素			3	5	5	7	8				4	

表 11　硫酸新霉素、氟甲喹对维氏气单胞菌的 MIC 频数分布（$n=32$）

供试药物	不同药物浓度（$\mu g/mL$）下的菌株数（株）											
	≥256	128	64	32	16	8	4	2	1	0.5	0.25	≤0.125
硫酸新霉素					3		5	9	11	4		
氟甲喹	4				4	21			3			

表 12　甲砜霉素、氟苯尼考对维氏气单胞菌的 MIC 频数分布（$n=32$）

供试药物	不同药物浓度（$\mu g/mL$）下的菌株数（株）											
	≥512	256	128	64	32	16	8	4	2	1	0.5	≤0.25
甲砜霉素	25	3								4		
氟苯尼考	12			3	9	5				3		

表 13　磺胺间甲氧嘧啶钠对维氏气单胞菌的 MIC 频数分布（n＝32）

供试药物	不同药物浓度（μg/mL）下的菌株数（株）										
	≥1 024	512	256	128	64	32	16	8	4	2	≤1
磺胺间甲氧嘧啶钠	15	5					7	5			

表 14　磺胺甲噁唑/甲氧苄啶对维氏气单胞菌的 MIC 频数分布（n＝32）

供试药物	不同药物浓度（μg/mL）下的菌株数（株）										
	≥1 216/ 64	≥608/ 32	304/ 16	152/ 8	76/ 4	38/ 2	19/ 1	9.5/ 0.5	4.8/ 0.25	2.4/ 0.12	≤1.2/ 0.06
磺胺甲噁唑/甲氧苄啶	20								11	1	

（3）溶藻弧菌耐药性总体情况

40 株溶藻弧菌对各渔用抗菌药物的耐药监测情况见表 15 至表 21。

表 15　溶藻弧菌耐药性监测总体情况（n＝40）

单位：μg/mL

供试药物	MIC$_{50}$	MIC$_{90}$	耐药率	中介率	敏感率	耐药性判定参考值		
						耐药折点	中介折点	敏感折点
恩诺沙星	0.06	0.29	0	0	100%	≥4	1~2	≤0.5
氟苯尼考	4.29	197.88	42.5%	12.5%	45.0%	≥8	4	≤2
盐酸多西环素	3.21	101.34	42.5%	0	57.5%	≥16	8	≤4
磺胺间甲氧嘧啶钠	111.20	1 020.12	72.5%	/	27.5%	≥512	—	≤256
磺胺甲噁唑/甲氧苄啶	4.23/0.22	430.01/22.70	37.5%	/	62.5%	≥76/4	—	≤38/2
硫酸新霉素	1.90	5.33	10.0%	0	90.0%	≥16	8	≤4
甲砜霉素	11.28	343.35	50.0%	/	50.0%	≥16	—	≤8
氟甲喹	1.94	34.79	/	/	/	—	—	—

注："—"表示无折点。

表 16　恩诺沙星对溶藻弧菌的 MIC 频数分布（n＝40）

供试药物	不同药物浓度（μg/mL）下的菌株数（株）											
	≥32	≥16	8	4	2	1	0.5	0.25	0.125	0.06	0.03	≤0.015
恩诺沙星					5	3		4	21	5	2	

表 17　盐酸多西环素对溶藻弧菌的 MIC 频数分布（n＝40）

供试药物	不同药物浓度（μg/mL）下的菌株数（株）											
	128	64	32	16	8	4	2	1	0.5	0.25	0.125	≤0.06
盐酸多西环素	12			5				11	9	3		

表 18　硫酸新霉素、氟甲喹对溶藻弧菌的 MIC 频数分布（n＝40）

供试药物	不同药物浓度（μg/mL）下的菌株数（株）											
	≥256	128	64	32	16	8	4	2	1	0.5	0.25	≤0.125
硫酸新霉素				4		17	7	12				
氟甲喹	5			3	4			6	2	15	5	

表 19　甲砜霉素、氟苯尼考对溶藻弧菌的 MIC 频数分布（n＝40）

供试药物	不同药物浓度（μg/mL）下的菌株数（株）											
	≥512	256	128	64	32	16	8	4	2	1	0.5	≤0.25
甲砜霉素	16		4					13		7		
氟苯尼考	8				5	4		5	3	6	9	

表 20　磺胺间甲氧嘧啶钠对溶藻弧菌的 MIC 频数分布（n＝40）

供试药物	不同药物浓度（μg/mL）下的菌株数（株）										
	≥1 024	512	256	128	64	32	16	8	4	2	≤1
磺胺间甲氧嘧啶钠	24	5		3					3	5	

表 21　磺胺甲噁唑/甲氧苄啶对溶藻弧菌的 MIC 频数分布（n＝40）

供试药物	不同药物浓度（μg/mL）下的菌株数（株）										
	≥1 216/ 64	≥608/ 32	304/ 16	152/ 8	76/ 4	38/ 2	19/ 1	9.5/ 0.5	4.8/ 0.25	2.4/ 0.12	≤1.2/ 0.06
磺胺甲噁唑/甲氧苄啶	15							5	17	3	

（4）创伤弧菌耐药性总体情况

35 株创伤弧菌对各渔用抗菌药物的耐药监测情况见表 22 至表 28。

表 22　创伤弧菌耐药性监测总体情况（n＝35）

单位：μg/mL

供试药物	MIC$_{50}$	MIC$_{90}$	耐药率	中介率	敏感率	耐药性判定参考值		
						耐药折点	中介折点	敏感折点
恩诺沙星	0.08	0.79	0	0	100.0%	≥4	1～2	≤0.5
氟苯尼考	2.24	71.44	42.9%	0	57.1%	≥8	4	≤2
盐酸多西环素	13.70	104.47	60.0%	0	40.0%	≥16	8	≤4
磺胺间甲氧嘧啶钠	2.03	349.04	20.0%	/	80.0%	≥512	—	≤256
磺胺甲噁唑/甲氧苄啶	16.48/0.86	517.29/27.20	40.0%	/	60.0%	≥76/4	—	≤38/2
硫酸新霉素	2.37	25.27	2.9%	0	97.1%	≥16	8	≤4
甲砜霉素	1.88	12.34	0	/	100.0%	≥16	—	≤8
氟甲喹	0.76	10.17	/	/	/	—	—	—

注："—"表示无折点。

表 23　恩诺沙星对创伤弧菌的 MIC 频数分布（n=35）

供试药物	不同药物浓度（μg/mL）下的菌株数（株）											
	≥32	≥16	8	4	2	1	0.5	0.25	0.125	0.06	0.03	≤0.015
恩诺沙星									8	18	9	

表 24　盐酸多西环素对创伤弧菌的 MIC 频数分布（n=35）

供试药物	不同药物浓度（μg/mL）下的菌株数（株）											
	128	64	32	16	8	4	2	1	0.5	0.25	0.125	≤0.06
盐酸多西环素	20	1							14			

表 25　硫酸新霉素、氟甲喹对创伤弧菌的 MIC 频数分布（n=35）

供试药物	不同药物浓度（μg/mL）下的菌株数（株）											
	≥256	128	64	32	16	8	4	2	1	0.5	0.25	≤0.125
硫酸新霉素						1	4	23	7			
氟甲喹							8			13	14	

表 26　甲砜霉素、氟苯尼考对创伤弧菌的 MIC 频数分布（n=35）

供试药物	不同药物浓度（μg/mL）下的菌株数（株）											
	≥512	256	128	64	32	16	8	4	2	1	0.5	≤0.25
甲砜霉素								8	15	3	9	
氟苯尼考			9		6						7	13

表 27　磺胺间甲氧嘧啶钠对创伤弧菌的 MIC 频数分布（n=35）

供试药物	不同药物浓度（μg/mL）下的菌株数（株）										
	≥1 024	512	256	128	64	32	16	8	4	2	≤1
磺胺间甲氧嘧啶钠	6	1						1	7	20	

表 28　磺胺甲噁唑/甲氧苄啶对创伤弧菌的 MIC 频数分布（n=35）

供试药物	不同药物浓度（μg/mL）下的菌株数（株）										
	≥1 216/64	≥608/32	304/16	152/8	76/4	38/2	19/1	9.5/0.5	4.8/0.25	2.4/0.12	≤1.2/0.06
磺胺甲噁唑/甲氧苄啶	13	1						2	7	12	

3. 耐药性变化情况

2023 年分离的主要致病菌为嗜水气单胞菌、维氏气单胞菌、溶藻弧菌和创伤弧菌，与 2022 年分离的主要致病菌大致相同。2023 年，恩诺沙星、硫酸新霉素、盐酸多西环素和氟甲喹对嗜水气单胞菌和维氏气单胞菌的 MIC 相对集中且处于中低浓度区，菌株对磺胺间甲氧嘧啶钠和磺胺甲噁唑/甲氧苄啶的耐药性明显增强。恩诺沙星、硫酸新霉素、氟苯尼考及氟甲喹对两种弧菌的 MIC 相对集中且处于低浓度区，两种弧菌对磺胺间甲氧嘧啶钠和磺胺甲噁唑/甲氧苄啶的耐药性明显增强。

三、分析与建议

1. 致病菌株分离培养结果分析

2023 年，分离到 2 种气单胞菌属致病菌和 2 种弧菌属致病菌，分别是嗜水气单胞菌、维氏气单胞菌、溶藻弧菌和创伤弧菌。其中嗜水气单胞菌分离比例为 53%，与维氏气单胞菌存在共生现象，未成为优势菌。弧菌中溶藻弧菌分离比例占比 53%，创伤弧菌占比为 47%，两者存在共生关系。

2. 水生动物致病菌药物感受性分析

从监测结果来看，未发现 2 种气单胞菌的药物敏感性存在显著差异。硫酸新霉素、氟甲喹对气单胞菌的 MIC 值集中在低浓度区；恩诺沙星及盐酸多西环素的 MIC 值集中在中低浓度区，但偶见耐药性；甲砜霉素、氟苯尼考对气单胞菌的 MIC 值集中在中等浓度区（20～80μg/mL），但偶见甲砜霉素、氟苯尼考的耐药性菌株；磺胺间甲氧嘧啶钠对气单胞菌的 MIC 值集中在中高等浓度区（64～1 024μg/mL）；磺胺甲噁唑/甲氧苄啶对气单胞菌的 MIC 值分布相对离散，存在敏感菌株的同时也存在一定比例的耐药菌株。

从监测结果来看，未发现 2 种弧菌的药物敏感性存在显著差异。恩诺沙星、氟甲喹对弧菌的 MIC 值集中在低浓度区；硫酸新霉素、氟苯尼考对弧菌的 MIC 值集中在中浓度区，但偶见耐药性；甲砜霉素、盐酸多西环素对弧菌的 MIC 值集中在中等浓度区，但偶见耐药性菌株；磺胺间甲氧嘧啶钠和磺胺甲噁唑/甲氧苄啶对弧菌的 MIC 值集中在中高浓度区，偶见敏感菌株。

2023年辽宁省水产养殖动物主要病原菌耐药性监测分析报告

徐小雅　郭欣硕　唐治宇　关　丽　罗　靳

（辽宁省现代农业生产基地建设工程中心）

为了解掌握水产养殖主要病原菌对渔用抗菌药物的耐药性情况及其变化规律，指导科学使用渔用抗菌药物，提高细菌性病害防控成效，推动渔业绿色高质量发展，辽宁地区重点从大菱鲆养殖品种中分离得到大菱鲆弧菌、溶藻弧菌等病原菌，并测定其对8种渔用抗菌药物的敏感性，具体结果如下。

一、材料与方法

1. 样品采集

2023年4—10月，在葫芦岛市兴城市大菱鲆主养殖区开展主要养殖品种耐药性监测。选取兴城市永康养殖场、兴城市菊花岛水产品有限公司两个养殖场，采集具有典型病症的大菱鲆（每个采样点不少于3尾），进行现场解剖，并记录该养殖场当月养殖信息、鱼类发病情况、用药信息等。

2. 病原菌分离筛选

在无菌条件下，选取肝、脾、肾及其他病灶部位分别接种于BHIA培养基，（28±2）℃培养18～24h，选取优势菌落接种于普通营养琼脂培养基上，（28±1）℃培养18～24h以得到纯化的培养物。

3. 病原菌鉴定及保存

将纯化好的菌株穿刺接种于营养琼脂斜面培养基中，（28±2）℃培养18～24h，封口后送至上海海洋大学、中国水产科学研究院珠江水产研究所进行菌株鉴定。将纯化好的菌株接种于普通营养肉汤中，（28±2）℃增菌培养16～20h，后分装于2mL无菌管中，加灭菌甘油使其含量达30%，充分混匀，保存于−80℃超低温箱中。

二、药敏测试结果

1. 病原菌分离鉴定总体情况

共采集大菱鲆55尾，接种BHIA培养基150份，分离培养菌株合计208株。其中弧菌属122株，占总菌株数的59%；采样信息及菌株采集情况详见表1。由此可见，弧菌属在辽宁省葫芦岛地区不同养殖场、不同月份都有检出，表明其在该地区养殖大菱鲆体内广泛存在，常年可分离得到，可以得知弧菌可能是引起该地区大菱鲆发病的主要病原菌。

表 1　辽宁省菌株采集信息

采样时间	水温（℃）	盐度	大菱鲆（尾）	采集样品（份）	分离菌株（株）	弧菌属菌株（株）	其他菌株（株）
4 月 19 日	13～15	27～28	8	18	20	8	12
5 月 23 日	12～15	27～28	7	16	21	14	7
6 月 19 日	13～14	27～29	7	16	17	3	14
7 月 19 日	14～16	27～28	8	24	42	19	23
8 月 24 日	15～16	27～28	8	26	26	18	8
9 月 21 日	15～16	27～28	7	20	31	25	6
10 月 12 日	15～16	27～28	10	30	51	35	16
合计			55	150	208	122	86

分离得到的 122 株弧菌属菌株通过分子生物学方法（PCR）鉴定出 12 个种类，详见表 2。其中，大菱鲆弧菌 32 株，占弧菌总数的 26%；溶藻弧菌 22 株，占弧菌总数的 18%；巨大弧菌 40 株，占弧菌总数的 33%。其他弧菌数量相对较少。从表 2 可以看出，大菱鲆弧菌在各个月份都有检出，提示葫芦岛地区养殖大菱鲆过程中可将大菱鲆弧菌的防治作为病害防治的重点。另外，弧菌为条件性致病菌，养殖户在病害防治过程中需要结合临床情况以及发病时菌株分离结果进行科学防治。

表 2　辽宁省 122 株弧菌菌株分离及鉴定结果

单位：株

弧菌名称	4 月	5 月	6 月	7 月	8 月	9 月	10 月	合计
大菱鲆弧菌	7	1	1	11	2	7	3	32
溶藻弧菌		2	1			4	15	22
副溶血弧菌	1	1		1				3
塔斯马尼亚弧菌		1				5		6
牙鲆肠弧菌		1						1
嗜环弧菌		1						1
哈维氏弧菌					1			1
波氏弧菌		2			2	1	2	7
留萌弧菌					1		1	2
东方弧菌				2		1		3
巨大弧菌		5	1	2	12	7	13	40
贻贝弧菌					2			2
强壮弧菌				1			1	2
合计	8	14	3	19	18	25	35	122

2. 病原菌对不同渔用抗菌药物的耐药性分析

(1) 大菱鲆源弧菌耐药性总体情况

从分离得到的 122 株弧菌中选取有代表性的 84 株，用 8 种渔用抗菌药物药敏试剂板对其进行药物敏感性检测，其耐药性监测总体情况详见表 3。可以看出，大菱鲆源弧菌对恩诺沙星、盐酸多西环素、硫酸新霉素耐药率最低，分别为 6％、6％、2％；对磺胺甲噁唑/甲氧苄啶、磺胺间甲氧嘧啶钠、氟苯尼考也表现出较低的耐药率，分别为 11％、19％、17％；对甲砜霉素的耐药率为 23％，相对偏高。氟甲喹对大菱鲆源弧菌的 MIC_{50}、MIC_{90} 分别为 $0.5\mu g/mL$、$32\mu g/mL$。8 种渔用抗菌药物对大菱鲆源弧菌的 MIC 频数分布表详见表 4 至表 9。

表 3   大菱鲆源弧菌耐药性监测总体情况（$n=84$）

单位：$\mu g/mL$

供试药物	MIC_{50}	MIC_{90}	耐药率	中介率	敏感率	耐药折点	中介折点	敏感折点
						耐药性判定参考值		
恩诺沙星	0.06	2	6％	10％	84％	≥4	1~2	≤0.5
氟苯尼考	0.5	16	17％	3％	80％	≥8	4	≤2
盐酸多西环素	0.25	2	6％	0	94％	≥16	8	≤4
磺胺间甲氧嘧啶钠	4	≥1 024	19％	/	81％	≥512	—	≤256
磺胺甲噁唑/甲氧苄啶	1.2/0.06	76/4	11％	/	89％	≥76/4	—	≤38/2
硫酸新霉素	0.5	8	2％	8％	90％	≥16	8	≤4
甲砜霉素	2	≥512	23％	/	77％	≥16	—	≤8
氟甲喹	0.5	32	/	/	/			

注："—"表示无折点。

表 4   恩诺沙星对大菱鲆源弧菌的 MIC 频数分布（$n=84$）

供试药物	不同药物浓度（$\mu g/mL$）下的菌株数（株）											
	≥32	16	8	4	2	1	0.5	0.25	0.125	0.06	0.03	≤0.015
恩诺沙星	4	1			5	3	6	7	14	5	17	22

表 5   盐酸多西环素对大菱鲆源弧菌的 MIC 频数分布（$n=84$）

供试药物	不同药物浓度（$\mu g/mL$）下的菌株数（株）											
	≥128	64	32	16	8	4	2	1	0.5	0.25	0.125	≤0.06
盐酸多西环素	2	3				3	3	5	21	15	12	20

表 6   硫酸新霉素、氟甲喹对大菱鲆源弧菌的 MIC 频数分布（$n=84$）

供试药物	不同药物浓度（$\mu g/mL$）下的菌株数（株）											
	≥256	128	64	32	16	8	4	2	1	0.5	0.25	≤0.125
硫酸新霉素	1				1	7	5	7	21	19	6	17
氟甲喹	6	2		2	3	4	7	3	8	16	5	28

表 7 甲砜霉素、氟苯尼考对大菱鲆源弧菌的 MIC 频数分布 （n＝84）

供试药物	不同药物浓度（μg/mL）下的菌株数（株）											
	≥512	256	128	64	32	16	8	4	2	1	0.5	≤0.25
甲砜霉素	10		1	4	2	2	7	5	13	10	15	15
氟苯尼考	5				2	4	3	3	6	13	17	31

表 8 磺胺间甲氧嘧啶钠对大菱鲆源弧菌的 MIC 频数分布 （n＝84）

供试药物	不同药物浓度（μg/mL）下的菌株数（株）										
	≥1 024	512	256	128	64	32	16	8	4	2	≤1
磺胺间甲氧嘧啶钠	12	4	6	3	5	2	6	3	8	15	20

表 9 磺胺甲噁唑/甲氧苄啶对大菱鲆源弧菌的 MIC 频数分布 （n＝84）

供试药物	不同药物浓度（μg/mL）下的菌株数（株）										
	≥1 216/ 64	≥608/ 32	304/ 16	152/ 8	76/ 4	38/ 2	19/ 1	9.5/ 0.5	4.8/ 0.25	2.4/ 0.125	≤1.2/ 0.06
磺胺甲噁唑/甲氧苄啶	3	1	1		4		3		3	10	54

（2）不同种类病原菌的耐药性情况

84 株有代表性的大菱鲆源弧菌中，含大菱鲆弧菌 20 株、溶藻弧菌 19 株，巨大弧菌 18 株、其他弧菌 27 株。大菱鲆弧菌、溶藻弧菌以及巨大弧菌对渔用抗菌药物耐药性情况详见表 10，其中大菱鲆弧菌、巨大弧菌对渔用抗菌药表现出较低的耐药率，均≤10%。溶藻弧菌对硫酸新霉素、磺胺甲噁唑/甲氧苄啶的耐药率均在 15% 以下，对其他渔用抗菌药物的耐药率超过 20%。结合本地区历年菌株分离情况及病害发生情况，选取大菱鲆弧菌、溶藻弧菌这两种有代表性的病原菌进行耐药性分析。其他弧菌对不同渔用抗菌药物的 MIC 值详见表 11。

表 10 三种弧菌对渔用抗菌药物的耐药性情况

供试药物	MIC$_{90}$（μg/mL）			耐药率（%）		
	大菱鲆弧菌	溶藻弧菌	巨大弧菌	大菱鲆弧菌	溶藻弧菌	巨大弧菌
恩诺沙星	1	32	0.125	0	26	0
氟苯尼考	2	≥512	1	10	42	0
盐酸多西环素	0.5	128	0.125	0	26	0
磺胺间甲氧嘧啶钠	256	≥1 024	2	10	42	0
磺胺甲噁唑/甲氧苄啶	2.4/0.125	76/4	1.2/0.06		11	
硫酸新霉素	2	8	1	5	5	0
甲砜霉素	2	≥512	0.5	10	53	0
氟甲喹	16	≥256	0.125	—	—	—

表 11　大菱鲆源弧菌对不同抗菌药物的 MIC 值

单位：μg/mL

细菌编号	菌种鉴定	恩诺沙星	硫酸新霉素	甲砜霉素	氟苯尼考	盐酸多西环素	氟甲喹	磺胺间甲氧嘧啶钠	磺胺甲噁唑/甲氧苄啶
LHQ20230523TK-1	鱼肠道弧菌	0.03	2	16	8	0.25	0.5	4	2.4/0.125
LHY20230824TL-1	哈维氏弧菌	0.25	4	8	2	0.25	8	16	≤1.2/0.06
LHY20230523TK-1	嗜环弧菌	0.25	8	1	≤0.25	1	2	128	304/16
LHQ20230419TA-2	副溶血弧菌	0.03	1	1	0.5	0.5	4	2	≤1.2/0.06
LHQ20230523TK-3	副溶血弧菌	0.125	1	2	0.5	0.5	4	4	≤1.2/0.06
LHY20230719TK-3	副溶血弧菌	0.5	4	4	0.5	0.5	8	≥1 024	≥1 216/64
LHQ20230719TS-3	留萌弧菌	0.5	0.5	32	≤0.25	0.5	8	256	4.8/0.25
LHY20231012TL-3	留萌弧菌	0.25	0.5	8	≤0.25	0.5	4	256	4.8/0.25
LHQ20230719TS-2	贻贝弧菌	2	2	128	4	4	128	512	≥1 216/64
LHY20230719TK-4	贻贝弧菌	2	1	64	4	2	128	512	608/32
LHY20230523TS-1	波氏弧菌	≤0.015	≤0.125	0.5	≤0.25	≤0.06	≤0.125	≤1	≤1.2/0.06
LHQ20230523TA-3	波氏弧菌	≤0.015	≤0.125	≤0.25	0.5	≤0.06	0.5	≤1	≤1.2/0.06
LHY20230719TS-1	波氏弧菌	≤0.015	≤0.125	≤0.25	≤0.25	≤0.06	1	≤1	≤1.2/0.06
LHY20230824TK-2	波氏弧菌	0.03	≤0.125	≤0.25	1	≤0.06	≤0.125	≤1	≤1.2/0.06
LHQ20230824TS-1	波氏弧菌	0.03	≤0.125	≤0.25	≤0.25	≤0.06	≤0.125	≤1	≤1.2/0.06
LHY20230921TA-1	波氏弧菌	≤0.015	0.25	≤0.25	0.5	≤0.06	0.128	2	≤1.2/0.06
LHQ20230921TL-1	波氏弧菌	0.03	≤0.125	0.5	1	≤0.06	0.5	≤1	≤1.2/0.06
LHY20231012TL-2	波氏弧菌	≤0.015	0.25	≤0.25	0.5	≤0.06	0.5	≤1	≤1.2/0.06
LHQ20230719TK-1	强壮弧菌	0.25	4	2	1	≤0.06	1	16	9.5/0.5
LHY20231012TS-1	强壮弧菌	0.5	4	4	0.5	≤0.06	0.5	8	19/1
LHQ20230523TA-2	塔斯曼尼亚弧菌	0.25	0.5	8	4	0.25	≤0.125	2	2.4/0.125
LHY20230921TS-1	塔斯曼尼亚弧菌	0.125	1	8	2	0.125	≤0.125	2	≤1.2/0.06
LHY20230921TS-2	塔斯曼尼亚弧菌	0.125	0.25	4	1	0.125	≤0.125	4	4.8/0.25
LHY20230921TS-4	塔斯曼尼亚弧菌	0.25	0.5	8	2	0.125	0.25	2	≤1.2/0.06
LHY20230719TK-2	东方弧菌	2	4	≥512	16	0.5	32	≥1 024	76/4
LHY20230719TK-5	东方弧菌	2	8	≥512	32	1	16	≥1 024	76/4
LHY20230921TA-1	东方弧菌	2	8	≥512	16	0.5	16	≥1 024	76/4

①大菱鲆弧菌耐药性总体情况

大菱鲆弧菌耐药性监测总体情况详见表 12。渔用抗菌药物对大菱鲆弧菌的 MIC 频数分布见表 13 至表 18。可以得知，大菱鲆弧菌对渔用抗菌药表现出较低的耐药性。其中，盐酸多西环素对大菱鲆弧菌的 MIC 值均≤4μg/mL，磺胺甲噁唑/甲氧苄啶的 MIC 值均≤38/2μg/mL，恩诺沙星的 MIC 值大部分≤0.5μg/mL，有 3 株为 1μg/mL，大菱鲆弧菌对这三种药物的耐药率为 0。硫酸新霉素的 MIC 值有 19 株集中分布在 2μg/mL 及以下，仅有 1 株 MIC 值为 ≥256μg/mL，菌株耐药率为 5%。氟苯尼考的 MIC 值有 12 株 ≤0.25μg/mL，6 株分布在 0.5～2μg/mL，另有 2 株 ≥16μg/mL，甲砜霉素的 MIC 值有 18 株集中分布在 2μg/mL 及以下，仅有 2 株为 ≥512μg/mL，磺胺间甲氧嘧啶钠 MIC 值有 18 株分布在 256μg/mL 及以下，2 株为 512μg/mL，大菱鲆弧菌对这三种药物的耐药率均为 10%。氟甲喹对大菱鲆弧菌的 MIC_{90} 为 16μg/mL。

表 12　大菱鲆弧菌耐药性监测总体情况（$n=20$）

单位：μg/mL

供试药物	MIC_{50}	MIC_{90}	耐药率	中介率	敏感率	耐药性判定参考值		
						耐药折点	中介折点	敏感折点
恩诺沙星	0.06	1	0	15%	85%	≥4	1～2	≤0.5
氟苯尼考	0.25	2	10%	0	90%	≥8	4	≤2
盐酸多西环素	0.25	0.5	0	0	100%	≥16	8	≤4
磺胺间甲氧嘧啶钠	16	256	10%	/	90%	≥512	—	≤256
磺胺甲噁唑/甲氧苄啶	1.2/0.06	2.4/0.125	0	0	100%	≥76/4	—	≤38/2
硫酸新霉素	0.5	2	5%	0	95%	≥16	8	≤4
甲砜霉素	1	2	10%	/	90%	≥16	—	≤8
氟甲喹	0.5	16	/	/	/	—	—	—

注："—"表示无折点。

表 13　恩诺沙星对大菱鲆弧菌的 MIC 频数分布（$n=20$）

供试药物	不同药物浓度（μg/mL）下的菌株数（株）											
	≥32	16	8	4	2	1	0.5	0.25	0.125	0.06	0.03	≤0.015
恩诺沙星						3	2		4	3	3	5

表 14　盐酸多西环素对大菱鲆弧菌的 MIC 频数分布（$n=20$）

供试药物	不同药物浓度（μg/mL）下的菌株数（株）											
	128	64	32	16	8	4	2	1	0.5	0.25	0.125	≤0.06
盐酸多西环素				1	1				6	9	3	

表 15　硫酸新霉素、氟甲喹对大菱鲆弧菌的 MIC 频数分布（$n=20$）

供试药物	不同药物浓度（μg/mL）下的菌株数（株）											
	≥256	128	64	32	16	8	4	2	1	0.5	0.25	≤0.125
硫酸新霉素	1							3	5		10	1
氟甲喹	1			1	1	1		2	2	8	2	2

表 16　甲砜霉素、氟苯尼考对大菱鲆弧菌的 MIC 频数分布（$n=20$）

供试药物	不同药物浓度（μg/mL）下的菌株数（株）											
	≥512	256	128	64	32	16	8	4	2	1	0.5	≤0.25
甲砜霉素	2								7	7	2	2
氟苯尼考					1	1			1	1	4	12

表 17　磺胺间甲氧嘧啶钠对大菱鲆弧菌的 MIC 频数分布（$n=20$）

供试药物	不同药物浓度（μg/mL）下的菌株数（株）										
	≥1 024	512	256	128	64	32	16	8	4	2	≤1
磺胺间甲氧嘧啶钠		2	3	2	2	1	1	2	2	3	2

表 18　磺胺甲噁唑/甲氧苄啶对大菱鲆弧菌的 MIC 频数分布（$n=20$）

供试药物	不同药物浓度（μg/mL）下的菌株数（株）										
	≥1 216/64	≥608/32	304/16	152/8	76/4	38/2	19/1	9.5/0.5	4.8/0.25	2.4/0.125	≤1.2/0.06
磺胺甲噁唑/甲氧苄啶										3	17

②溶藻弧菌耐药性总体情况

溶藻弧菌耐药性监测总体情况详见表 19。渔用抗菌药物对溶藻弧菌的 MIC 频数分布见表 20 至表 25。硫酸新霉素的 MIC 值有 14 株分布在 $2\mu g/mL$ 及以下，有 4 株 MIC 值为 $8\mu g/mL$，1 株为 $16\mu g/mL$，耐药率仅为 5%。磺胺甲噁唑/甲氧苄啶的 MIC 值有 17 株分布于 $19/1\mu g/mL$ 及以下，1 株为 $76/4\mu g/mL$，1 株为 $\geqslant 1\,216/64\mu g/mL$，菌株耐药率为 11%。盐酸多西环素对溶藻弧菌的 MIC 值大部分分布于 $0.25\sim 4\mu g/mL$，有 5 株分布于 $64\mu g/mL$ 及以上。恩诺沙星的 MIC 值大部分分布于 $0.5\mu g/mL$ 及以下，有 5 株分布于 $16\mu g/mL$ 及以上。溶藻弧菌对这两种药物的耐药率均为 26%。氟苯尼考的 MIC 值有 11 株 $\leqslant 2\mu g/mL$，8 株 $\geqslant 8\mu g/mL$。磺胺间甲氧嘧啶钠 MIC 值有 11 株分布在 $\leqslant 256\mu g/mL$，8 株为 $\geqslant 1\,024\mu g/mL$。溶藻弧菌对这两种药物有一定的耐药性，耐药率为 42%。甲砜霉素的 MIC 值有 9 株分布在 $1\sim 8\mu g/mL$，10 株均 $\geqslant 16\mu g/mL$，表明溶藻弧菌大部分耐药，耐药率为 53%。氟甲喹对溶藻弧菌的 $MIC_{90}\geqslant 256\mu g/mL$。

表 19　溶藻弧菌耐药性监测总体情况（$n=19$）

单位：μg/mL

供试药物	MIC$_{50}$	MIC$_{90}$	耐药率	中介率	敏感率	耐药性判定参考值		
						耐药折点	中介折点	敏感折点
恩诺沙星	0.125	32	26%	0	74%	≥4	1~2	≤0.5
氟苯尼考	1	≥512	42%	0	58%	≥8	4	≤2

（续）

供试药物	MIC$_{50}$	MIC$_{90}$	耐药率	中介率	敏感率	耐药性判定参考值		
						耐药折点	中介折点	敏感折点
盐酸多西环素	1	128	26%	0	74%	≥16	8	≤4
磺胺间甲氧嘧啶钠	64	≥1 024	42%	/	58%	≥512	—	≤256
磺胺甲噁唑/甲氧苄啶	2.4/0.125	76/4	11%	/	89%	≥76/4	—	≤38/2
硫酸新霉素	1	8	5%	21%	74%	≥16	8	≤4
甲砜霉素	16	≥512	53%	/	47%	≥16	—	≤8
氟甲喹	1	≥256	/	/	/	—	—	—

注："—"表示无折点。

表 20　恩诺沙星对溶藻弧菌的 MIC 频数分布（$n=19$）

供试药物	不同药物浓度（μg/mL）下的菌株数（株）											
	≥32	16	8	4	2	1	0.5	0.25	0.125	0.06	0.03	≤0.015
恩诺沙星	4	1				1	1		4	2	5	1

表 21　盐酸多西环素对溶藻弧菌的 MIC 频数分布（$n=19$）

供试药物	不同药物浓度（μg/mL）下的菌株数（株）											
	128	64	32	16	8	4	2		0.5	0.25	0.125	≤0.06
盐酸多西环素	2	3		1	1	3			8	1		

表 22　硫酸新霉素、氟甲喹对溶藻弧菌的 MIC 频数分布（$n=19$）

供试药物	不同药物浓度（μg/mL）下的菌株数（株）											
	≥256	128	64	32	16	8	4	2	1	0.5	0.25	≤0.125
硫酸新霉素					1	4		2	8		2	2
氟甲喹	5						4		4	3	1	2

表 23　甲砜霉素、氟苯尼考对溶藻弧菌的 MIC 频数分布（$n=19$）

供试药物	不同药物浓度（μg/mL）下的菌株数（株）											
	≥512	256	128	64	32	16	8	4	2	1	0.5	≤0.25
甲砜霉素	5		3	1	1	2	2	4	1			
氟苯尼考	5			1	2		1	5	5			

表 24　磺胺间甲氧嘧啶钠对溶藻弧菌的 MIC 频数分布（$n=19$）

供试药物	不同药物浓度（μg/mL）下的菌株数（株）										
	≥1 024	512	256	128	64	32	16	·8	4	2	≤1
磺胺间甲氧嘧啶钠	8		1		3	1	3		2	1	

表 25   磺胺甲噁唑/甲氧苄啶对溶藻弧菌的 MIC 频数分布（$n=19$）

供试药物	不同药物浓度（$\mu g/mL$）下的菌株数（株）									
	≥1 216/ 64	≥608/ 32	304/ 16	152/ 8	76/ 4	38/ 2	19/ 1	9.5/ 0.5	4.8/ 0.25	2.4/ 0.125	≤1.2/ 0.06
磺胺甲噁唑/甲氧苄啶	1				1		1	3		5	8

3. 耐药性变化情况

2022—2023 年 8 种渔用抗菌药物对大菱鲆源弧菌的 MIC_{50}、MIC_{90} 以及菌株耐药率对比见表 26、图 1。从 MIC 值来看，2023 年渔用抗菌药物对大菱鲆源弧菌的 MIC_{50} 与 2022 年相比基本持平，略有下降。2023 年恩诺沙星的 MIC_{90} 值为 $2\mu g/mL$，与 2022 年持平；盐酸多西环素的 MIC_{90} 值较 2022 年有所下降，由 $4\mu g/mL$ 下降到 $2\mu g/mL$；硫酸新霉素的 MIC_{90} 值由 $4\mu g/mL$ 上升到 $8\mu g/mL$；这三种药物的 MIC_{90} 值均小于耐药折点。甲砜霉素、氟甲喹、磺胺间甲氧嘧啶钠的 MIC_{90} 值较 2022 年有所上升。氟苯尼考、磺胺甲噁唑/甲氧苄啶的 MIC_{90} 值较 2022 年下降一半，氟苯尼考由 $32\mu g/mL$ 下降至 $16\mu g/mL$，是耐药折点的 2 倍（耐药折点为 $8\mu g/mL$）；磺胺甲噁唑/甲氧苄啶由 $152/8\mu g/mL$ 下降至 $76/4\mu g/mL$（耐药折点为 $76/4\mu g/mL$）。甲砜霉素的 MIC_{90} 值由 2022 年的 $128\mu g/mL$ 上升为 $\geqslant512\mu g/mL$（耐药折点为 $16\mu g/mL$）；磺胺间甲氧嘧啶钠的 MIC_{90} 值由 2022 年的 $256\mu g/mL$ 上升为 $\geqslant1\,024\mu g/mL$（耐药折点为 $512\mu g/mL$）；氟甲喹的 MIC_{90} 值有较大上升，由 $8\mu g/mL$ 上升到 $32\mu g/mL$，需要对这三类药物在实际生产中的使用加强监控。

结合耐药率来看，近两年大菱鲆源弧菌对恩诺沙星、盐酸多西环素的耐药率基本持平且都在 10% 以下，对硫酸新霉素的耐药率由 10% 下降至 2%，表明菌株对这三种药物较为敏感，而且药物持续控制效果良好。磺胺甲噁唑/甲氧苄啶、氟苯尼考、磺胺间甲氧嘧啶钠 2023 年的耐药率均在 20% 以下，其中，磺胺甲噁唑/甲氧苄啶的耐药率有一定的下降，由 19% 下降到 11%。氟苯尼考的耐药率下降较大，由 32% 下降到 17%。大菱鲆源弧菌对这两种药物的耐药率较 2022 年下降明显。磺胺间甲氧嘧啶钠的耐药率有明显上升，由 2022 年的 7% 上升至 19%，未来对这类药物的使用需要加强监控。甲砜霉素的耐药率也有所下降，由 2022 年的 36% 下降至 23%。

表 26   2022—2023 年 8 种渔用抗菌药物对大菱鲆源弧菌的 MIC_{50}、MIC_{90}

供试药物	MIC_{50}（$\mu g/mL$）		MIC_{90}（$\mu g/mL$）	
	2022 年	2023 年	2022 年	2023 年
恩诺沙星	0.125	0.06	2	2
硫酸新霉素	0.5	0.5	4	8
甲砜霉素	4	2	128	≥512
氟苯尼考	2	0.5	32	16

（续）

供试药物	MIC_{50}（μg/mL）		MIC_{90}（μg/mL）	
	2022 年	2023 年	2022 年	2023 年
盐酸多西环素	0.25	0.25	4	2
氟甲喹	0.5	0.5	8	32
磺胺间甲氧嘧啶钠	4	4	256	≥1 024
磺胺甲噁唑/甲氧苄啶	2.4/0.125	1.2/0.06	152/8	76/4

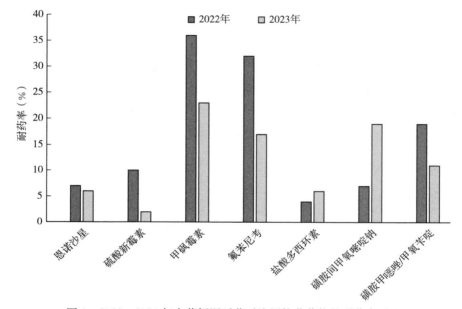

图 1　2022、2023 年大菱鲆源弧菌对渔用抗菌药物的耐药率对比

三、分析与建议

结合监测结果来看，菌株对恩诺沙星、盐酸多西环素、硫酸新霉素的耐药率均与去年基本持平，表现出低耐药率且 MIC_{90} 值均小于耐药折点，表明这三种药物对菌株具有明显的抑制作用。磺胺甲噁唑/甲氧苄啶、氟苯尼考的耐药率较去年有所降低，耐药率相对较低。磺胺间甲氧嘧啶钠虽然表现为低耐药率，但较 2022 年有明显提高。氟甲喹的 MIC_{90} 值与之前相比有明显提高。这可能与实际生产中该种类药物的使用增多有直接关系。甲砜霉素耐药率虽然较去年有所降低，但在 8 种渔用抗菌药物中耐药率最高，也表现出一定的耐药性。

建议今后在养殖生产中应做到合理科学用药。滥用或过度使用药物不但不能起到防病治病的作用，反而会造成养殖环境中耐药性菌株的增多。

2023 年黑龙江省水产养殖动物主要病原菌耐药性监测分析报告

胡光源[1]　李庆东[1]　张凤萍[2]　刘双凤[3]　王昕阳[1]　藏　林[1]　周思含[1]

（1. 黑龙江省水产技术推广总站　2. 宁安市农业综合行政执法大队

3. 哈尔滨市农业科学院水产分院）

为了解掌握水产养殖主要病原菌对渔用抗菌药物的耐药性情况及其变化规律，指导科学使用渔用抗菌药物，提高细菌性病害防控成效，推动渔药减量行动落到实处，黑龙江省哈尔滨地区、宁安地区重点从鲤、鲫等养殖品种中分离得到维氏气单胞菌、嗜水气单胞菌、温和气单胞菌等病原菌，并测定其对 8 种渔用抗菌药物的敏感性，具体结果如下。

一、材料与方法

1. 样品采集

2023 年 6—10 月，对黑龙江省哈尔滨地区、宁安地区共计 9 个采样点进行采集，每个月采样 1 次，每个采样点采 3～5 尾样品，累计采样 21 次，共计 137 尾。样品采集方法为取发病鱼或游动缓慢的鱼，注原池水打氧，立即运回实验室。在采集样品的同时，记录养殖场的发病情况、发病水温、用药情况、鱼类死亡情况等信息。

2. 病原菌分离筛选

分离病原菌时，对于有明显临床症状的养殖动物，重点从病灶处分离细菌；对于濒死的养殖动物，重点从典型病灶处和内脏分离细菌；无明显临床症状的养殖动物，重点从肝、脾、肾分离细菌。用无菌接种环蘸取病料，划线接种于 RS 琼脂平板上，于恒温培养箱中 30℃培养 18～24h。用无菌接种环挑取 RS 琼脂上光滑、圆整、黄色的菌落，接种到脑心浸出液琼脂平板上，30℃培养 18～24h，备检。

3. 病原菌鉴定及保存

纯化的菌株采用分子生物学的方法进行鉴定。使用细菌通用引物扩增其 16S rRNA 基因进行种属鉴定，测序比对后确定菌种。鉴定后，取新鲜纯化菌接种于 LB 肉汤管，4～6h 增菌后，按 1∶1 加入 50%甘油-生理盐水保存液，−20℃保存。

二、药敏测试结果

1. 病原菌分离鉴定总体情况

2023 年分离鉴定出气单胞菌 30 株。其中，23 株维氏气单胞菌（76.67%）、3 株嗜水气单胞菌（10％）、2 株温和气单胞菌（6.67％）、1 株简氏气单胞菌（3.33％）及 1 株豚鼠气单胞菌（3.33％）。分类及占比见图 1。

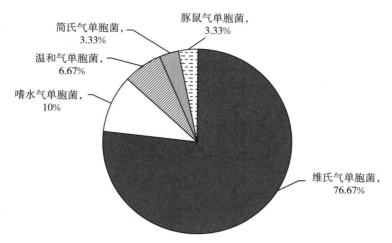

图 1 分离病原菌分类统计

2. 病原菌对不同抗菌药物的耐药性分析

（1）气单胞菌属细菌耐药性总体情况

用 8 种渔用抗菌药物药敏试验板对分离得到的 30 株气单胞菌属细菌进行药物敏感性检测，结果见表 1。可以看出，气单胞菌属细菌对盐酸多西环素、硫酸新霉素的耐药率分别为 3％、10％；对恩诺沙星、磺胺甲噁唑/甲氧苄啶、氟苯尼考的耐药率分别为 20％、20％、27％；对甲砜霉素、磺胺间甲氧嘧啶钠的耐药率分别为 33％、63％。各种抗菌药物对气单胞菌属细菌的 MIC 频数分布情况详见表 2 至表 7。

表 1 气单胞菌耐药性监测总体情况（$n=30$）

单位：μg/mL

供试药物	MIC_{50}	MIC_{90}	耐药率	中介率	敏感率	耐药性判定参考值		
						耐药折点	中介折点	敏感折点
恩诺沙星	0.5	4	20％	27％	53％	≥4	1～2	≤0.5
氟苯尼考	0.5	128	27％	3％	70％	≥8	4	≤2
盐酸多西环素	2	8	3％	17％	80％	≥16	8	≤4
磺胺间甲氧嘧啶钠	1 024	＞1 024	63％	/	37％	≥512	—	≤256
磺胺甲噁唑/甲氧苄啶	≤1.2/0.06	＞1 216/64	20％	/	80％	≥76/4	—	≤38/2
硫酸新霉素	2	4	10％	0	90％	≥16	8	≤4
甲砜霉素	2	＞512	33％	/	67％	≥16	—	≤8
氟甲喹	32	128	/	/	/	—	—	—

注："—"表示无折点。

表 2　恩诺沙星对气单胞菌的 MIC 频数分布 (n=30)

供试药物	不同药物浓度 (μg/mL) 下的菌株数 (株)											
	≥32	≥16	8	4	2	1	0.5	0.25	0.125	0.06	0.03	≤0.015
恩诺沙星	1	1	1	3	6	2	2	2	1	7		4

表 3　盐酸多西环素对气单胞菌的 MIC 频数分布 (n=30)

供试药物	不同药物浓度 (μg/mL) 下的菌株数 (株)											
	128	64	32	16	8	4	2	1	0.5	0.25	0.125	≤0.06
盐酸多西环素		1		5	5	6	2	11				

表 4　硫酸新霉素、氟甲喹对气单胞菌的 MIC 频数分布 (n=30)

供试药物	不同药物浓度 (μg/mL) 下的菌株数 (株)											
	≥256	128	64	32	16	8	4	2	1	0.5	0.25	≤0.125
硫酸新霉素			1	2		5	20	1			1	
氟甲喹	3	2	4	6	2		1		4	2	1	5

表 5　甲砜霉素、氟苯尼考对气单胞菌的 MIC 频数分布 (n=30)

供试药物	不同药物浓度 (μg/mL) 下的菌株数 (株)											
	≥512	256	128	64	32	16	8	4	2	1	0.5	≤0.25
甲砜霉素	7		1		2	1	3	11	4			1
氟苯尼考	2		2	4				1	2	3	15	1

表 6　磺胺间甲氧嘧啶钠对气单胞菌的 MIC 频数分布 (n=30)

供试药物	不同药物浓度 (μg/mL) 下的菌株数 (株)										
	≥1 024	512	256	128	64	32	16	8	4	2	≤1
磺胺间甲氧嘧啶钠	18	1		3	1	3	1	1	1		1

表 7　磺胺甲噁唑/甲氧苄啶对气单胞菌的 MIC 频数分布 (n=30)

供试药物	不同药物浓度 (μg/mL) 下的菌株数 (株)										
	≥1 216/64	≥608/32	304/16	152/8	76/4	38/2	19/1	9.5/0.5	4.8/0.25	2.4/0.12	≤1.2/0.06
磺胺甲噁唑/甲氧苄啶	6						1		1	3	3	16

(2) 不同种气单胞菌的耐药性情况

①维氏气单胞菌对抗菌药物的敏感性

各抗菌药物对 23 株维氏气单胞菌的 MIC 频数分布见表 8 至表 13。恩诺沙星对维氏气单胞菌的 MIC 集中在 2μg/mL 及以下；盐酸多西环素对维氏气单胞菌的 MIC 集

中在 $0.5 \sim 8\mu g/mL$；硫酸新霉素对维氏气单胞菌的 MIC 集中在 $0.25 \sim 4\mu g/mL$；甲砜霉素对维氏气单胞菌的 MIC 主要分布在 $1 \sim 32\mu g/mL$、$\geqslant 512\mu g/mL$ 这 2 个区间；氟苯尼考对 6 株维氏气单胞菌的 MIC 在 $64\mu g/mL$ 及以上，对其余 17 株气单胞菌的 MIC 范围为 $4\mu g/mL$ 及以下；磺胺间甲氧嘧啶钠对 14 株维氏气单胞菌的 MIC 在 $512\mu g/mL$ 及以上，其余菌株的 MIC 分布在 $128\mu g/mL$ 及以下；磺胺甲噁唑/甲氧苄啶对 17 株维氏气单胞菌的 MIC 分布在 $38/2\mu g/mL$ 及以下，对其余 6 株菌的 MIC 分布在 $1\,216/64\mu g/mL$ 及以上；氟甲喹对维氏气单胞菌的 MIC 分布较为离散。

表 8　恩诺沙星对维氏气单胞菌的 MIC 频数分布（$n=23$）

供试药物	不同药物浓度（μg/mL）下的菌株数（株）											
	≥32	≥16	8	4	2	1	0.5	0.25	0.125	0.06	0.03	≤0.015
恩诺沙星		1	2	6	2	2	1	1	6		2	

表 9　盐酸多西环素对维氏气单胞菌的 MIC 频数分布（$n=23$）

供试药物	不同药物浓度（μg/mL）下的菌株数（株）											
	128	64	32	16	8	4	2	1	0.5	0.25	0.125	≤0.06
盐酸多西环素		1		3	4	5	1	9				

表 10　硫酸新霉素、氟甲喹对维氏气单胞菌的 MIC 频数分布（$n=23$）

供试药物	不同药物浓度（μg/mL）下的菌株数（株）											
	≥256	128	64	32	16	8	4	2	1	0.5	0.25	≤0.125
硫酸新霉素			1	1			5	14	1		1	
氟甲喹	3	1	3	4	2		1		3	2	1	3

表 11　甲砜霉素、氟苯尼考对维氏气单胞菌的 MIC 频数分布（$n=23$）

供试药物	不同药物浓度（μg/mL）下的菌株数（株）											
	≥512	256	128	64	32	16	8	4	2	1	0.5	≤0.25
甲砜霉素	6					1	1	1	3	8	3	
氟苯尼考	1		1	4				1	2	3	10	1

表 12　磺胺间甲氧嘧啶钠对维氏气单胞菌的 MIC 频数分布（$n=23$）

供试药物	不同药物浓度（μg/mL）下的菌株数（株）										
	≥1 024	512	256	128	64	32	16	8	4	2	≤1
磺胺间甲氧嘧啶钠	13	1		2	1	3	1	1	1		

表 13 磺胺甲噁唑/甲氧苄啶对维氏气单胞菌的 MIC 频数分布 （n＝23）

供试药物	不同药物浓度（μg/mL）下的菌株数（株）										
	≥1 216/64	≥608/32	304/16	152/8	76/4	38/2	19/1	9.5/0.5	4.8/0.25	2.4/0.12	≤1.2/0.06
磺胺甲噁唑/甲氧苄啶	6					1		1	2	3	10

②其他气单胞菌对抗菌药物的敏感性

嗜水气单胞菌、温和气单胞菌、简氏气单胞菌、豚鼠气单胞菌对 8 种渔用抗菌药物的敏感性详细数据见表 14。

表 14 8 种抗菌药物对其他气单胞菌的 MIC（μg/mL）

细菌编号	菌种鉴定	恩诺沙星	硫酸新霉素	氟甲喹	甲砜霉素	氟苯尼考	盐酸多西环素	磺胺间甲氧嘧啶钠	磺胺甲噁唑/甲氧苄啶
1	嗜水气单胞菌	32	16	128	≤0.25	512	8	≤1	≤1.2/0.06
2	嗜水气单胞菌	0.5	1	4	4	2	0.5	1 024	4.8/0.25
3	嗜水气单胞菌	≤0.015	2	≤0.125	2	0.5	0.5	>1 024	4.8/0.25
4	温和气单胞菌	16	2	64	>512	128	8	>1 024	≤1.2/0.06
5	温和气单胞菌	0.06	2	1	2	0.5	0.5	>1 024	≤1.2/0.06
6	简氏气单胞菌	4	2	32	16	0.5	2	>1 024	≤1.2/0.06
7	豚鼠气单胞菌	≤0.015	2	≤0.125	2	0.5	1	1 024	≤1.2/0.06

三、分析与建议

1. 气单胞菌耐药性分析

2023 年度共分离鉴定 30 株，包括 23 株维氏气单胞菌、3 株嗜水气单胞菌、2 株温和气单胞菌、1 株简氏气单胞菌及 1 株豚鼠气单胞菌。

8 种渔用抗菌药物对气单胞菌的 MIC 频数分布表明，盐酸多西环素、硫酸新霉素、甲砜霉素、氟苯尼考、磺胺甲噁唑/甲氧苄啶对气单胞菌的 MIC 在低浓度的频数较高；气单胞菌的药敏试验结果表明，气单胞菌对盐酸多西环素、硫酸新霉素、恩诺沙星、磺胺甲噁唑/甲氧苄啶的耐药率相对较低；除磺胺间甲氧嘧啶钠、氟甲喹外，其他 6 种渔用抗菌药物对气单胞菌的 MIC_{50} 范围为 0.5～2μg/mL，均处于较低水平；磺胺间甲氧嘧啶钠对气单胞菌的 MIC_{50}、MIC_{90} 和耐药率均相对较高。

8 种渔用抗菌药物对维氏气单胞菌的 MIC 频数分布表中，盐酸多西环素、硫酸新霉素、氟苯尼考、磺胺甲噁唑/甲氧苄啶对维氏气单胞菌的 MIC 在低浓度的频数较高。

盐酸多西环素、硫酸新霉素、磺胺甲噁唑/甲氧苄啶对嗜水气单胞菌、温和气单胞菌、简氏气单胞菌及豚鼠气单胞菌都具有较好的抑制效果。

2. 建议

（1）建议在今后的监测工作中增加监测批次，便于扩大监测范围，使监测结果更具有代表性，能够更全面地反映黑龙江省水产养殖动物病原菌耐药性状况。

（2）养殖生产过程中应避免长期使用同一类渔用抗菌药物，控制安全合理剂量。

（3）加强监测人员的业务能力培训，完善实验室仪器设备匹配，使病原菌耐药性监测的数据更为准确。

2023 年上海市水产养殖动物主要病原菌耐药性监测分析报告

高　玮　高晓华　安　伟　张小明　邵　玲　何　兰

上海市水产研究所（上海市水产技术推广站）

　　为了解掌握水产养殖主要病原菌对渔用抗菌药物的耐药性情况及其变化规律，指导科学使用渔用抗菌药物，提高细菌性病害防控成效，推动渔业绿色高质量发展，上海地区重点从草鱼、鲫、大口黑鲈、黄颡鱼、南美白对虾等 5 种养殖品种中分离得到气单胞菌、弧菌等病原菌，并测定其对 8 种渔用抗菌药物的敏感性，具体结果如下。

一、材料与方法

1. 样品采集

2023 年 4—10 月，从各区发病养殖场中采集发病鱼及虾，样品采集选择游动缓慢、濒临死亡的病鱼及病虾，保持活体运回实验室，进行病原菌分离。

2. 病原菌分离筛选

无菌操作取病鱼的肝、肾、脾及其他病灶组织和病虾的肝胰腺组织，接种于气单胞菌 TSA 培养基和弧菌 TCBS 培养基上，28℃过夜培养后进行优势菌的分离与纯化工作。

3. 病原菌鉴定及保存

分离纯化后，采用 VITEK2 Compact 全自动细菌鉴定仪进行鉴定，已鉴定菌株增殖培养后，将菌液保存在终浓度 25％的甘油中，置于－80℃冰箱长期保存。

二、药敏测试结果

1. 病原菌分离鉴定总体情况

2023 年度发病鱼虾体内分离的优势病原菌株主要是气单胞菌属细菌和弧菌属细菌（表 1）。发病鱼中分离出 33 株气单胞菌（12 株嗜水气单胞菌、10 株温和气单胞菌、8 株杀鲑气单胞菌和 3 株维氏气单胞菌）、1 株柠檬酸杆菌、1 株大肠埃希氏菌及 1 株约氏不动杆菌；发病南美白对虾中分离到 27 株副溶血弧菌，以及 4 株最小弧菌。

表 1　分离菌株总体情况

菌属	菌种	来源	分离数量（株）
气单胞菌	嗜水气单胞菌	草鱼	5
		鳜	3
		大口黑鲈	4
	杀鲑气单胞菌	草鱼	2
		大口黑鲈	5
		黄颡鱼	1
	维氏气单胞菌	草鱼	3
	温和气单胞菌	草鱼	4
		鲫	1
		大口黑鲈	3
		鳜	1
		黄颡鱼	1
弧菌	副溶血弧菌	南美白对虾	27
	最小弧菌		4
合计			64

2. 主要病原菌对渔用抗菌药物的耐药性分析

（1）气单胞菌及弧菌对渔用抗菌药物的耐药性分析

以大肠埃希氏菌 ATCC25922 为质控菌株，MIC 判定结果见表 2。气单胞菌及弧菌对 8 种渔用抗菌药物的总体耐药情况见表 3 和表 4，敏感率较高的三种渔用抗菌药物为硫酸新霉素、盐酸多西环素和恩诺沙星。

表 2　质控菌株 MIC 结果（μg/mL）

抗菌药物	质控菌株判定结果
恩诺沙星	≤0.015
硫酸新霉素	2
甲砜霉素	128
氟苯尼考	8
盐酸多西环素	1
氟甲喹	0.5
磺胺间甲氧嘧啶钠	512
磺胺甲噁唑/甲氧苄啶	≤1.2/0.06

表 3 气单胞菌耐药性监测总体情况（$n=33$）

供试药物	MIC$_{50}$ (μg/mL)	MIC$_{90}$ (μg/mL)	耐药率	中介率	敏感率	耐药性判定参考值		
						耐药折点	中介折点	敏感折点
恩诺沙星	0.055	0.546	15.15%	0	84.85%	≥4	1~2	≤0.5
硫酸新霉素	0.065	0.589	0	0	100%	≥16	8	≤4
甲砜霉素	4.108	310.019	30.3%	/	69.7%	≥16	—	≤8
氟苯尼考	0.466	27.948	21.21%	3.03%	75.76%	≥8	4	≤2
盐酸多西环素	0.878	4.27	3.03%	3.03%	93.94%	≥16	8	≤4
氟甲喹	0.851	40.083	—	—	—	—	—	—
磺胺间甲氧嘧啶钠	148.813	>1 216	39.39%	/	60.61%	≥512	—	≤256
磺胺甲噁唑/甲氧苄啶	<1.2/0.06	>1 216/64	21.21%	/	78.79%	≥76/4	—	≤38/2

注："—"表示无折点，无判定结果。

表 4 弧菌耐药性监测总体情况（$n=31$）

供试药物	MIC$_{50}$ (μg/mL)	MIC$_{90}$ (μg/mL)	耐药率	中介率	敏感率	耐药性判定参考值		
						耐药折点	中介折点	敏感折点
恩诺沙星	0.021	0.387	3.23%	3.23%	93.54%	≥4	1~2	≤0.5
硫酸新霉素	1.036	1.788	0	0	100%	≥16	8	≤4
甲砜霉素	3.206	26.498	16.13%	/	83.87%	≥16	—	≤8
氟苯尼考	0.460	6.743	9.68%	3.22%	87.1%	≥8	4	≤2
盐酸多西环素	0.508	3.240	3.23%	0	96.77%	≥16	8	≤4
氟甲喹	0.150	6.618	/	/	/	—	—	—
磺胺间甲氧嘧啶钠	18.986	378.019	22.58%	/	77.42%	≥512	—	≤256
磺胺甲噁唑/甲氧苄啶	0.011/0.001	32.059/1.670	6.45%	/	93.55%	≥4/76	—	≤2/38

注："—"表示无折点，无判定结果。

（2）8 种渔用抗菌药物对气单胞菌的 MIC 频数分布分析

8 种渔用抗菌药物对气单胞菌的 MIC 频数分布如表 5 至表 10 所示：恩诺沙星对气单胞菌的 MIC 集中在 ≤1μg/mL；硫酸新霉素对气单胞菌的 MIC 在 0.5~4μg/mL；氟甲喹对气单胞菌的 MIC≤128μg/mL；甲砜霉素对气单胞菌的 MIC 分布在 2 个区间，分别为 1~16μg/mL 和 ≥256μg/mL；氟苯尼考对气单胞菌的 MIC 较分散；盐酸多西环素对气单胞菌的 MIC 范围在 0.25~32μg/mL；磺胺间甲氧嘧啶钠对气单胞菌的 MIC 较分散；磺胺甲噁唑/甲氧苄啶对 7 株气单胞菌的 MIC>1 216/64μg/mL，对 26 株气单胞菌的 MIC≤2.4/0.125μg/mL。

表 5　恩诺沙星对气单胞菌的 MIC 频数分布（n＝33）

供试药物	不同药物浓度（μg/mL）下的菌株数（株）												
	＞32	32	16	8	4	2	1	0.5	0.25	0.125	0.06	0.03	≤0.015
恩诺沙星							5	2	7	6		1	12

表 6　硫酸新霉素、氟甲喹对气单胞菌的 MIC 频数分布（n＝33）

供试药物	不同药物浓度（μg/mL）下的菌株数（株）												
	＞256	256	128	64	32	16	8	4	2	1	0.5	0.25	≤0.25
硫酸新霉素								1	12	18	2		
氟甲喹			3	1		7	2	1	2	1		5	11

表 7　甲砜霉素、氟苯尼考对气单胞菌的 MIC 频数分布（n＝33）

供试药物	不同药物浓度（μg/mL）下的菌株数（株）												
	＞512	512	256	128	64	32	16	8	4	2	1	0.5	≤0.25
甲砜霉素	3	2	4				1	1		13			
氟苯尼考	2			1			2	2	1	4	2	18	1

表 8　盐酸多西环素对气单胞菌的 MIC 频数分布（n＝33）

供试药物	不同药物浓度（μg/mL）下的菌株数（株）												
	＞128	128	64	32	16	8	4	2	1	0.5	0.25	0.125	0.06
盐酸多西环素				2		1		5	3	6	14	2	

表 9　磺胺间甲氧嘧啶钠对气单胞菌的 MIC 频数分布（n＝33）

供试药物	不同药物浓度（μg/mL）下的菌株数（株）											
	＞1 024	1 024	512	256	128	64	32	16	8	4	2	1
磺胺间甲氧嘧啶钠	7	5	1	5	6	4	1	2	1			

表 10　磺胺甲噁唑/甲氧苄啶对气单胞菌的 MIC 频数分布（n＝33）

供试药物	不同药物浓度（μg/mL）下的菌株数（株）											
	＞1 216/ 64	1 216/ 64	608/ 32	304/ 16	152/ 8	76/ 4	38/ 2	19/ 1	9.5/ 0.5	4.8/ 0.25	2.4/ 0.125	1.2/ 0.06
磺胺甲噁唑/甲氧苄啶	7										10	16

（3）8 种渔用抗菌药物对弧菌的 MIC 频数分布分析

8 种渔用抗菌药物对弧菌的 MIC 频数分布如表 11 至表 16 所示：恩诺沙星对弧菌的 MIC 均≤32μg/mL；硫酸新霉素对弧菌的 MIC 集中在 1～2μg/mL；氟甲喹对弧菌的 MIC 较分散；甲砜霉素对弧菌的 MIC 在 1～512μg/mL；氟苯尼考对弧菌的 MIC

在 $0.5\sim512\mu g/mL$；盐酸多西环素对弧菌的 MIC 在 $0.125\sim128\mu g/mL$；磺胺间甲氧嘧啶钠对弧菌的 MIC 较分散；磺胺甲噁唑/甲氧苄啶对 29 株弧菌的 MIC 集中在 $\leqslant9.5/0.5\mu g/mL$，有 2 株在 $>1\,216/64\mu g/mL$。

表 11　恩诺沙星对弧菌的 MIC 频数分布（$n=31$）

供试药物	不同药物浓度（μg/mL）下的菌株数（株）												
	>32	32	16	8	4	2	1	0.5	0.25	0.125	0.06	0.03	≤0.015
恩诺沙星		1					1	1		9	17	2	

表 12　硫酸新霉素、氟甲喹对弧菌的 MIC 频数分布（$n=31$）

供试药物	不同药物浓度（μg/mL）下的菌株数（株）												
	>256	256	128	64	32	16	8	4	2	1	0.5	0.25	≤0.25
硫酸新霉素									17	14			
氟甲喹	1		1					1		3	5	18	2

表 13　甲砜霉素、氟苯尼考对弧菌的 MIC 频数分布（$n=31$）

供试药物	不同药物浓度（μg/mL）下的菌株数（株）												
	>512	512	256	128	64	32	16	8	4	2	1	0.5	≤0.25
甲砜霉素		1		2	1			2	3	19	2		
氟苯尼考		1						2	1	1	7	19	

表 14　盐酸多西环素对弧菌的 MIC 频数分布（$n=31$）

供试药物	不同药物浓度（μg/mL）下的菌株数（株）												
	>128	128	64	32	16	8	4	2	1	0.5	0.25	0.125	0.06
盐酸多西环素		1					4			21	4	1	

表 15　磺胺间甲氧嘧啶钠对弧菌的 MIC 频数分布（$n=31$）

供试药物	不同药物浓度（μg/mL）下的菌株数（株）											
	>1 024	1 024	512	256	128	64	32	16	8	4	2	1
磺胺间甲氧嘧啶钠	2	3	2		2	2	4	8	6			

表 16　磺胺甲噁唑/甲氧苄啶对弧菌的 MIC 频数分布（$n=31$）

供试药物	不同药物浓度（μg/mL）下的菌株数（株）											
	>1 216/64	1 216/64	608/32	304/16	152/8	76/4	38/2	19/1	9.5/0.5	4.8/0.25	2.4/0.125	1.2/0.06
磺胺甲噁唑/甲氧苄啶	2								1	2	8	18

3. 耐药性变化情况

表 17 显示，2023 年较 2022 年，气单胞菌对恩诺沙星和硫酸新霉素的耐药率有所下降，对其余 6 种渔用抗菌药物的耐药率有所上升；表 18 显示，2023 年较 2022 年，弧菌除对恩诺沙星的耐药率有所上升之外，硫酸新霉素稳定为 0，对其余 5 种渔用抗菌药物的耐药率均有所下降。

表 17　2022—2023 年气单胞菌对 8 种渔用抗菌药物的耐药率比较

供试药物	2022 年	2023 年
恩诺沙星	25％	15.15％
硫酸新霉素	5.56％	0
甲砜霉素	16.67％	30.30％
氟苯尼考	19.44％	21.21％
盐酸多西环素	0	3.03％
氟甲喹	—	—
磺胺间甲氧嘧啶钠	2.70％	39.39％
磺胺甲噁唑/甲氧苄啶	11.11％	21.21％

表 18　2022—2023 年弧菌对 8 种渔用抗菌药物的耐药率比较

供试药物	2022 年	2023 年
恩诺沙星	0	3.23％
硫酸新霉素	0	0
甲砜霉素	47.22％	16.13％
氟苯尼考	61.11％	9.68％
盐酸多西环素	44.44％	3.23％
氟甲喹	—	—
磺胺间甲氧嘧啶钠	44.44％	22.58％
磺胺甲噁唑/甲氧苄啶	44.44％	6.45％

2023 年江苏省水产养殖动物主要病原菌耐药性监测分析报告

刘肖汉　方　苹　陈　静　吴亚锋

（江苏省渔业技术推广中心）

　　为了解掌握水产养殖主要病原菌对渔用抗菌药物的耐药性情况及其变化规律，指导科学使用渔用抗菌药物，提高细菌性病害防控成效，推动渔业绿色高质量发展，江苏地区重点从鲫、草鱼、大口黑鲈、中华绒螯蟹中分离病原菌，并测定其对 8 种渔用抗菌药物的敏感性，具体结果如下。

一、材料与方法

1. 样品采集

　　根据《全国水产技术推广总站关于开展 2023 年规范用药科普下乡及水产养殖动物病原菌耐药性监测工作的通知》（农渔技质函〔2023〕22 号）文件精神要求，样品采集与水产养殖动植物疾病测报、国家水生动物疫病监测等工作相结合，在全省采集发病样品。采集品种为鲫、草鱼、大口黑鲈、中华绒螯蟹等。

2. 病原菌分离筛选

　　常规无菌操作取样本的肝、脾、肾以及其他相关病灶组织，在脑心浸出液固体平板上划线接种，28℃培养过夜。次日，分离优势单菌落进行再培养。

3. 病原菌鉴定及保存

　　纯化的菌株采用分子生物学的方法进行鉴定。使用细菌 16S rRNA 和气单胞菌属"看家"基因 $gyrB$ 进行种属鉴定，测序比对后确定菌种。保存在含 25％甘油的脑心浸出液中，冻存于－80℃。

4. 药敏试验

　　针对硫酸新霉素、氟苯尼考、恩诺沙星、甲砜霉素、盐酸多西环素、氟甲喹、磺胺间甲氧嘧啶钠和磺胺甲噁唑/甲氧苄啶 8 种渔用抗菌药物开展耐药性监测，最小抑菌浓度（MIC）的测定按照说明书进行。

二、药敏测试结果

1. 病原菌分离鉴定总体情况

　　2023 年共分离鉴定出维氏气单胞菌、嗜水气单胞菌等气单胞菌 178 株。

2. 气单胞菌对不同渔用抗菌药物的耐药性分析

178 株气单胞菌对 8 种渔用抗菌药物的耐药性测定结果如表 1 至表 7 所示。气单胞菌对恩诺沙星的耐药率最低，仅为 4.49％；其次为磺胺甲噁唑/甲氧苄啶、硫酸新霉素，分别为 11.24％、19.66％；对甲砜霉素的耐药率最高，为 65.73％；对恩诺沙星和磺胺甲噁唑/甲氧苄啶的敏感率最高，均为 88.76％；对甲砜霉素的敏感率最低，为 34.27％。五种渔用抗菌药物中，气单胞菌对硫酸新霉素的中介率最高，为 19.10％，需要警惕其耐药性的变化。

恩诺沙星对气单胞菌的 MIC_{50} 最低，为 $0.06\mu g/mL$，氟甲喹、硫酸新霉素、氟苯尼考和盐酸多西环素的 MIC_{50} 也不高，均为个位数；磺胺间甲氧嘧啶钠的 MIC_{50} 最高，为 $128\mu g/mL$；恩诺沙星的 MIC_{90} 最低，为 $1\mu g/mL$，其次为硫酸新霉素，为 $16\mu g/mL$，甲砜霉素和磺胺间甲氧嘧啶钠对气单胞菌的 MIC_{90} 均达检测上限。

表 1　气单胞菌耐药性监测总体情况（$n=178$）

单位：$\mu g/mL$

供试药物	MIC_{50}	MIC_{90}	耐药率	中介率	敏感率	耐药折点	中介折点	敏感折点
						耐药性判定参考值		
恩诺沙星	0.06	1	4.49％	6.74％	88.76％	≥4	1～2	≤0.5
氟苯尼考	8	32	52.25％	10.67％	37.08％	≥8	4	≤2
盐酸多西环素	4	32	39.89％	5.06％	55.06％	≥16	8	≤4
磺胺间甲氧嘧啶钠	128	1 024	25.84％	/	74.16％	≥512	—	≤256
磺胺甲噁唑/甲氧苄啶	2.4/0.125	76/4	11.24％	/	88.76％	≥76/4	—	≤38/2
硫酸新霉素	4	16	19.66％	19.10％	61.24％	≥16	8	≤4
甲砜霉素	64	512	65.73％	/	34.27％	≥16	—	≤8
氟甲喹	1	32	/	/	/			

注：“—”表示无折点。

表 2　恩诺沙星对气单胞菌的 MIC 频数分布（$n=178$）

供试药物	不同药物浓度（$\mu g/mL$）下的菌株数（株）											
	≥32	≥16	8	4	2	1	0.5	0.25	0.125	0.06	0.03	≤0.015
恩诺沙星	0	1	2	5	3	9	21	19	21	16	55	26

表 3　盐酸多西环素对气单胞菌的 MIC 频数分布（$n=178$）

供试药物	不同药物浓度（$\mu g/mL$）下的菌株数（株）											
	128	64	32	16	8	4	2	1	0.5	0.25	0.125	≤0.06
盐酸多西环素	0	13	46	12	9	21	23	14	19	21	0	0

表 4　硫酸新霉素、氟甲喹对气单胞菌的 MIC 频数分布（$n=178$）

供试药物	不同药物浓度（μg/mL）下的菌株数（株）											
	≥256	128	64	32	16	8	4	2	1	0.5	0.25	≤0.125
硫酸新霉素	1	0	1	8	25	34	42	54	12	1	0	0
氟甲喹	2	3	5	13	8	10	17	19	30	18	26	27

表 5　甲砜霉素、氟苯尼考对气单胞菌的 MIC 频数分布（$n=178$）

供试药物	不同药物浓度（μg/mL）下的菌株数（株）											
	≥512	256	128	64	32	16	8	4	2	1	0.5	≤0.25
甲砜霉素	24	22	37	22	8	4	6	14	40	1	0	0
氟苯尼考	0	0	3	13	16	37	24	19	2	8	52	4

表 6　磺胺间甲氧嘧啶钠对气单胞菌的 MIC 频数分布（$n=178$）

供试药物	不同药物浓度（μg/mL）下的菌株数（株）										
	≥1 024	512	256	128	64	32	16	8	4	2	≤1
磺胺间甲氧嘧啶钠	33	13	19	31	26	21	24	8	1	1	1

表 7　磺胺甲噁唑/甲氧苄啶对气单胞菌的 MIC 频数分布（$n=178$）

供试药物	不同药物浓度（μg/mL）下的菌株数（株）										
	≥1 216/ 64	≥608/ 32	304/ 16	152/ 8	76/ 4	38/ 2	19/ 1	9.5/ 0.5	4.8/ 0.25	2.4/ 0.12	≤1.2/ 0.06
磺胺甲噁唑/甲氧苄啶	15	0	0	1	4	2	7	9	26	65	49

3. 气单胞菌对不同渔用抗菌药物的耐药性变化情况

比较 2019—2023 年 8 种渔用抗菌药物对气单胞菌的 MIC_{90} 的变化情况（图 1）发现，与 2022 年相比，2023 年分离的气单胞菌对恩诺沙星、氟甲喹、氟苯尼考、盐酸多西环素和磺胺甲噁唑/甲氧苄啶的耐药性均呈下降趋势，其中对恩诺沙星和氟苯尼考的下降幅度最大，MIC_{90} 均为 2022 年的 1/16，分别由 16 μg/mL 下降至 1 μg/mL、512 μg/mL 下降至 32 μg/mL；对氟甲喹和磺胺甲噁唑/甲氧苄啶的下降幅度也较大，MIC_{90} 分别由 256 μg/mL 下降至 32 μg/mL、608/32 μg/mL 下降至 76/4 μg/mL，均为 2022 年的 1/8；对硫酸新霉素的耐药性呈上升趋势，MIC_{90} 由 4 μg/mL 上升至 16 μg/mL，上涨了 3 倍，结束了 2019—2021 年的下降趋势；对甲砜霉素和磺胺间甲氧嘧啶钠的耐药性五年来始终达检测上限，耐药情况严峻。因 2023 年更换新的药敏板，这种耐药性变化的趋势还有待持续的检测、研究。

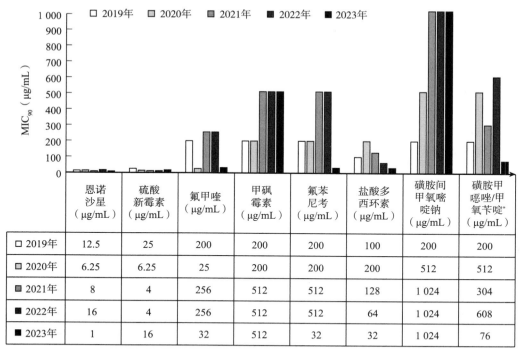

	恩诺 沙星 （μg/mL）	硫酸 新霉素 （μg/mL）	氟甲喹 （μg/mL）	甲砜 霉素 （μg/mL）	氟苯 尼考 （μg/mL）	盐酸多 西环素 （μg/mL）	磺胺间 甲氧嘧 啶钠 （μg/mL）	磺胺甲 噁唑/甲 氧苄啶* （μg/mL）
□ 2019年	12.5	25	200	200	200	100	200	200
▨ 2020年	6.25	6.25	25	200	200	200	512	512
▨ 2021年	8	4	256	512	512	128	1 024	304
▮ 2022年	16	4	256	512	512	64	1 024	608
▮ 2023年	1	16	32	512	32	32	1 024	76

图 1　2019—2023 年 8 种渔用抗菌药物对气单胞菌的 MIC_{90}
（＊：图中仅以磺胺甲噁唑浓度表示 MIC_{90} 变化情况）

4. 不同养殖品种分离气单胞菌对不同药物的耐药性比较

比较不同养殖品种分离气单胞菌对不同药物的耐药性，结果见表 8。

从 MIC_{50} 角度分析，盐酸多西环素对鲫源气单胞菌的 MIC_{50} 远高于其他品种，恩诺沙星、氟苯尼考、甲砜霉素和氟甲喹对大口黑鲈源气单胞菌的 MIC_{50} 高于其他品种，恩诺沙星、氟苯尼考、磺胺甲噁唑/甲氧苄啶、硫酸新霉素和氟甲喹对中华绒螯蟹源气单胞菌的 MIC_{50} 处于最低值。

从 MIC_{90} 角度分析，恩诺沙星、磺胺甲噁唑/甲氧苄啶和氟甲喹对鲫源气单胞菌的 MIC_{90} 处于最低值，硫酸新霉素和氟甲喹对草鱼源气单胞菌的 MIC_{90} 高于其他品种，恩诺沙星和氟苯尼考对大口黑鲈源气单胞菌的 MIC_{90} 高于其他品种，磺胺甲噁唑/甲氧苄啶对中华绒螯蟹源气单胞菌的 MIC_{90} 远高于其他品种。

从耐药率角度分析，鲫源气单胞菌对恩诺沙星和磺胺类药物的耐药率最低，对氟苯尼考、盐酸多西环素和甲砜霉素的耐药率最高；草鱼源气单胞菌对甲砜霉素的耐药率最高，达 54.55%；大口黑鲈源气单胞菌对甲砜霉素、氟苯尼考的耐药率远高于其他品种，对硫酸新霉素的耐药率最低，仅为 7.41%；中华绒螯蟹源气单胞菌对硫酸新霉素的耐药率最低，仅为 2.38%。不同品种来源的气单胞菌对不同渔用抗菌药物的耐药性相差较大。

表 8 不同养殖品种分离气单胞菌对不同药物的耐药性

供试药物	MIC_{50}（µg/mL）				MIC_{90}（µg/mL）				耐药率（%）			
	鲫	草鱼	大口黑鲈	中华绒螯蟹	鲫	草鱼	大口黑鲈	中华绒螯蟹	鲫	草鱼	大口黑鲈	中华绒螯蟹
恩诺沙星	0.03	0.06	0.125	0.03	0.5	1	4	0.5	0.00	4.55	14.81	4.76
氟苯尼考	8	4	32	4	32	16	64	32	61.54	38.64	59.26	47.62
盐酸多西环素	32	2	2	4	64	32	16	32	63.08	25.00	11.11	38.10
磺胺间甲氧嘧啶钠	64	128	128	128	1 024	1 024	1 024	1 024	20.00	31.82	37.04	21.43
磺胺甲噁唑/甲氧苄啶	2.4/0.125	4.8/0.25	2.4/0.125	2.4/0.125	4.8/0.25	19/1	4.8/0.25	1 216/64	3.08	6.82	25.93	19.05
硫酸新霉素	8	8	2	2	16	32	8	8	26.15	34.09	7.41	2.38
甲砜霉素	128	16	256	32	512	128	512	256	78.46	54.55	62.96	59.52
氟甲喹	1	1	4	0.5	8	64	32	32	/	/	/	/

5. 2016—2023 年恩诺沙星和氟苯尼考对气单胞菌的 MIC 变化

比较 2016—2023 年恩诺沙星和氟苯尼考对气单胞菌分离株的 MIC 变化趋势，结果见表 9。近年来，恩诺沙星对气单胞菌的 MIC_{50} 始终保持较低水平，最高也仅为 2017 年的 6.25µg/mL，2023 年继续下降至 0.06µg/mL；MIC_{90} 较高，最高达 25µg/mL；MIC_{50} 总体呈现出先上升后下降的趋势，而 MIC_{90} 则在近两年开始有上升趋势，2022 年到达 16µg/mL，但在 2023 年则下降至 1µg/mL。总体看，气单胞菌对恩诺沙星的耐药情况不严重。

氟苯尼考对气单胞菌的 MIC_{50} 在 2023 年终结了前三年下降的趋势，上升至 8µg/mL，而 MIC_{90} 在持续 7 年上升趋势后，于 2023 年首次开始下降，仅为 2022 年的 1/16。因更换药敏板，耐药性趋势的变化还需要持续监测。

表 9 2016—2023 年恩诺沙星和氟苯尼考对气单胞菌的 MIC_{50} 和 MIC_{90}（µg/mL）

年份	恩诺沙星		氟苯尼考	
	MIC_{50}	MIC_{90}	MIC_{50}	MIC_{90}
2016	1.56	12.5	0.78	12.5
2017	6.25	25	0.2	25
2018	3.13	6.25	1.56	50
2019	1.56	12.5	12.5	200
2020	1.56	6.25	50	200
2021	1	8	32	512
2022	0.25	16	4	512
2023	0.06	1	8	32

三、分析与建议

2023 年共分离鉴定出 178 株气单胞菌，药敏试验结果表明气单胞菌对恩诺沙星的耐药率最低，对甲砜霉素的耐药率最高，对恩诺沙星、氟甲喹、氟苯尼考、盐酸多西环素和磺胺甲噁唑/甲氧苄啶的耐药性均呈下降趋势，其中对恩诺沙星和氟苯尼考的下降幅度最大，对硫酸新霉素的耐药性呈上升趋势，对氟甲喹和磺胺间甲氧嘧啶钠的耐药性五年来始终达检测上限，耐药情况严峻。因养殖场用药习惯、鱼种的药物代谢水平、吃食习惯等因素对菌株的耐药性均有一定影响，其正确性还有待进一步开展持续的跟踪检测。

2023年浙江省水产养殖动物主要病原菌耐药性监测分析报告

梁倩蓉　朱凝瑜　周　凡　丁雪燕　何润真　田全全

（浙江省水产技术推广总站）

为了解掌握水产养殖主要病原菌耐药性情况及其变化规律，指导科学使用水产用抗菌药物，提高细菌性病害防控成效，推动渔业绿色高质量发展，2023年，浙江省在全省水产养殖病害测报、主要养殖品种重大疫病监控与流行病学调查工作的基础上，对杭州、嘉兴、湖州、宁波、温州、台州等6个市35个监测点的水生动物常见病原菌进行耐药性分析，具体结果如下。

一、材料和方法

1. 样品采集

2023年3—10月每月从监测点采样1次，样品种类包括中华鳖、大口黑鲈、黄颡鱼和大黄鱼等，挑选有症状的个体3～5只。

2. 细菌分离筛选

常规无菌操作取样品的肝、脾、肾以及其他相关病灶组织，在牛脑心浸出液固体平板上划线接种，28℃培养过夜。次日，分离优势单菌落进行再培养。

3. 细菌鉴定及保存

分离纯化后，采用VITEK 2 Compact全自动细菌鉴定仪进行鉴定，并保存在含20%甘油的牛脑心浸出液中，置于-80℃冰箱。

4. 药敏试验

将纯化后的菌落用无菌生理盐水调菌浓度至 $10^7 \sim 10^8$ CFU/mL，按药敏板说明书稀释后加入96孔药敏板，28℃培养24～28h。根据培养后孔板的浊度读板，确定恩诺沙星、硫酸新霉素、甲砜霉素、氟苯尼考、盐酸多西环素、氟甲喹、磺胺间甲氧嘧啶钠、磺胺甲噁唑/甲氧苄啶等8种药物对菌株的最低抑菌浓度（MIC值），汇总数据计算 MIC_{50}、MIC_{90} 和耐药率并分析比较。

二、药敏测试结果

1. 细菌分离鉴定总体情况

2023年度全省在主要淡水养殖品种中共分离到200株细菌：中华鳖菌株49株，

大口黑鲈菌株 21 株，黄颡鱼菌株 39 株，黑斑蛙菌株 23 株，其他淡水品种（大鲵、鳜、青鱼、光唇鱼、马口鱼、乌鳢、锦鲤等）菌株 68 株；在海水养殖品种（大黄鱼、海鲈、小黄鱼等）中共分离到 61 株细菌。

经统计，2023 年度淡水品种体内分离的细菌主要是气单胞菌（43.8%）、鞘氨醇单胞菌（9.5%）、迟缓爱德华氏菌（5.6%）、产吲哚金黄杆菌（5.1%）、柠檬酸杆菌（4.5%）、假单胞菌（2.8%）、芽孢杆菌（2.8%）、不动杆菌（2.2%）及弧菌（1.7%）等（图 1）；海水品种体内分离的病原菌主要是假单胞菌（49.2%）、弧菌（14.8%）和气单胞菌（14.8%）等（图 2）。

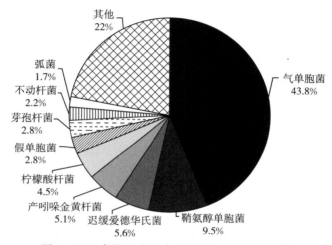

图 1　2023 年浙江省淡水养殖品种细菌分离情况

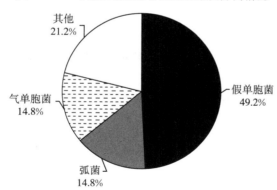

图 2　2023 年浙江省海水养殖品种细菌分离情况

2. 细菌耐药性分析

（1）不同动物来源菌株对水产用抗菌药物的感受性

MIC_{50}：以中华鳖、大口黑鲈、黄颡鱼为主的淡水养殖品种和以大黄鱼为主的海水养殖品种中所分离菌株的半数菌株 MIC 值（MIC_{50}）呈现一定相似规律，即表现为对恩诺沙星、硫酸新霉素、盐酸多西环素、氟甲喹等药物的耐受浓度均较低（$MIC_{50} \leqslant$ 8μg/mL），对甲砜霉素、氟苯尼考和磺胺间甲氧嘧啶钠的耐受浓度均较高（$MIC_{50} \geqslant$

32μg/mL），对磺胺甲噁唑/甲氧苄啶的耐受浓度较往年明显降低。不同动物来源菌株对氟苯尼考、盐酸多西环素、氟甲喹和磺胺甲噁唑/甲氧苄啶等药物的耐受浓度有一定差异，即中华鳖源菌株对 4 种药物耐受，大口黑鲈源和黄颡鱼源菌株对 4 种药物敏感，大黄鱼源菌株耐受于氟苯尼考和氟甲喹而敏感于盐酸多西环素和磺胺甲噁唑/甲氧苄啶（表 1）。

MIC_{90}：表现为菌株对 8 种药物均耐受，但对不同动物来源菌株进行分析，在恩诺沙星、硫酸新霉素和盐酸多西环素等药物感受性上具有一定差异，即黄颡鱼源细菌对 3 种药物均敏感，中华鳖、大口黑鲈源细菌对 3 种药物耐受，大黄鱼源细菌敏感于硫酸新霉素而耐受于其余 2 种药物（表 2）。

感受性判定：根据目前已有 CLSI 和 EUCAST 感受性判定标准，总体而言，2023 年度分析的半数细菌对恩诺沙星、盐酸多西环素和磺胺甲噁唑/甲氧苄啶等药物表现为敏感，而对氟苯尼考和磺胺间甲氧嘧啶钠表现为耐药；90% 细菌均表现为耐药。

①中华鳖源菌株

患病中华鳖体内分离半数细菌对恩诺沙星和硫酸新霉素的耐受浓度较低（$MIC_{50} \leqslant 2\mu g/mL$），而对磺胺类药物、甲砜霉素、氟苯尼考、盐酸多西环素以及氟甲喹的耐受浓度较高（$MIC_{50} \geqslant 16\mu g/mL$）。

②大口黑鲈源菌株

患病大口黑鲈体内分离半数细菌对恩诺沙星、盐酸多西环素、硫酸新霉素、氟甲喹、氟苯尼考和磺胺甲噁唑/甲氧苄啶的耐受浓度较低（$MIC_{50} \leqslant 4\mu g/mL$），而对磺胺间甲氧嘧啶钠和甲砜霉素的耐受浓度较高（$MIC_{50} \geqslant 512\mu g/mL$）。

③黄颡鱼源菌株

患病黄颡鱼体内分离半数细菌对恩诺沙星、盐酸多西环素、氟苯尼考、硫酸新霉素、氟甲喹和磺胺甲噁唑/甲氧苄啶的耐受浓度较低（$MIC_{50} \leqslant 2\mu g/mL$），而对磺胺间甲氧嘧啶钠和甲砜霉素的耐受浓度较高（$MIC_{50} \geqslant 512\mu g/mL$）。

④大黄鱼源菌株

患病大黄鱼体内分离半数细菌对恩诺沙星、盐酸多西环素、硫酸新霉素和氟甲喹的耐受浓度较低（$MIC_{50} \leqslant 8\mu g/mL$），而对磺胺类药物、甲砜霉素以及氟苯尼考的耐受浓度较高（$MIC_{50} \geqslant 9.5\mu g/mL$）。

表 1　2023 年 8 种抗菌药物对浙江省不同养殖品种分离菌株的 MIC_{50}（μg/mL）

养殖品种	恩诺沙星	硫酸新霉素	甲砜霉素	氟苯尼考	盐酸多西环素	氟甲喹	磺胺间甲氧嘧啶钠	磺胺甲噁唑/甲氧苄啶
中华鳖	0.5	2	512	128	16	16	1 024	1 216/64
大口黑鲈	0.25	2	512	4	2	2	1 024	2.4/0.125
黄颡鱼	0.25	2	512	1	0.5	2	1 024	1.2/0.06
大黄鱼	0.5	1	512	64	1	8	256	9.5/0.5

表 2　2023 年 8 种抗菌药物对浙江省不同养殖品种分离菌株 MIC_{90}（$\mu g/mL$）

养殖品种	恩诺沙星	硫酸新霉素	甲砜霉素	氟苯尼考	盐酸多西环素	氟甲喹	磺胺间甲氧嘧啶钠	磺胺甲噁唑/甲氧苄啶
中华鳖	16	64	512	512	128	256	1 024	1 216/64
大口黑鲈	8	128	512	128	16	128	1 024	1 216/64
黄颡鱼	1	4	512	32	4	32	1 024	38/2
大黄鱼	16	4	512	512	32	256	1 024	304/16

（2）不同地区菌株对水产用抗菌药物的感受性

①淡水养殖地区

按采样地区比较 3 种主养淡水养殖品种分离半数菌株对 8 种药物感受性（表 3），可见不同淡水养殖地区菌株总体对恩诺沙星、硫酸新霉素、盐酸多西环素、氟甲喹和磺胺甲噁唑/甲氧苄啶耐受浓度较低（$MIC_{50} \leqslant 4.8\mu g/mL$），而对甲砜霉素、氟苯尼考和磺胺间甲氧嘧啶钠耐受浓度较高（$MIC_{50} \geqslant 16\mu g/mL$）。不同淡水养殖采样地区分离株对 8 种药物总体耐药程度为嘉兴、杭州、湖州耐药性依次减弱。

表 3　8 种抗菌药物对淡水养殖地区分离菌株 MIC_{50}（$\mu g/mL$）

药物名称	杭州	湖州	嘉兴	MIC_{50}（淡水）
恩诺沙星	0.25	0.25	0.5	0.25
硫酸新霉素	2	2	2	2
甲砜霉素	512	512	512	512
氟苯尼考	64	2	32	16
盐酸多西环素	4	0.5	2	2
氟甲喹	4	2	64	4
磺胺间甲氧嘧啶钠	1 024	1 024	1 024	1 024
磺胺甲噁唑/甲氧苄啶	38/2	1.2/0.06	1 216/64	4.8/0.25

②海水养殖地区

按采样地区比较大黄鱼体内分离半数菌株对 8 种药物感受性（表 4），可见 2023 年度宁波、台州、温州地区采集的菌株对恩诺沙星、硫酸新霉素、盐酸多西环素和氟甲喹耐受浓度较低（$MIC_{50} \leqslant 8\mu g/mL$），而对甲砜霉素、氟苯尼考和磺胺间甲氧嘧啶钠耐受浓度较高（$MIC_{50} \geqslant 64\mu g/mL$）。不同海水养殖采样地区分离株对 8 种药物总体耐药程度为台州、温州、宁波耐药性依次减弱。

表 4 8种抗菌药物对海水养殖地区分离菌株 MIC_{50}（μg/mL）

药物名称	宁波	温州	台州	MIC_{50}（海水）
恩诺沙星	0.5	0.5	0.5	0.5
硫酸新霉素	0.5	0.125	2	1
甲砜霉素	8	64	512	512
氟苯尼考	4	64	64	64
盐酸多西环素	0.5	1	2	1
氟甲喹	4	4	4	8
磺胺间甲氧嘧啶钠	64	64	512	256
磺胺甲噁唑/甲氧苄啶	1.2/0.06	9.5/0.5	9.5/0.5	9.5/0.5

（3）主要病原菌对水产用抗菌药物的感受性

由表 5 和表 6 可见 8 种药物对气单胞菌、假单胞菌、弧菌、迟缓爱德华氏菌以及芽孢杆菌等主要病原菌的 MIC_{50} 和已有国际参考标准下恩诺沙星、氟苯尼考、盐酸多西环素、磺胺间甲氧嘧啶钠和磺胺甲噁唑/甲氧苄啶的菌株耐药率。药物 MIC_{50} 和菌株耐药率结果显示，2023 年分离的主要病原菌对恩诺沙星、硫酸新霉素、盐酸多西环素 3 种药物敏感程度最高（$MIC_{50} \leqslant 2\mu g/mL$）；假单胞菌耐药程度最严重，表现为对 5 种药物均耐受（$MIC_{50} \geqslant 16\mu g/mL$，耐药率最高可达 85.71%），而弧菌对药物敏感程度最高（$MIC_{50} \leqslant 2\mu g/mL$，耐药率在 7.69%～30.77%）。

表 5 8种抗菌药物对不同种类病原菌 MIC_{50}（μg/mL）

病原菌种类	菌株数（株）	恩诺沙星	硫酸新霉素	甲砜霉素	氟苯尼考	盐酸多西环素	氟甲喹	磺胺间甲氧嘧啶钠	磺胺甲噁唑/甲氧苄啶
气单胞菌	87	0.25	2	512	2	0.5	2	1 024	1.2/0.06
假单胞菌	35	1	0.5	512	256	1	16	512	76/4
弧菌	13	0.125	1	2	2	0.125	0.25	2	1.2/0.06
迟缓爱德华氏菌	10	0.5	2	64	2	2	1	1 024	152/8
芽孢杆菌	5	0.125	1	512	8	0.5	4	16	9.5/0.5

表 6 5种主要病原菌对5种已有国际参考标准抗菌药物的耐药率（%）

病原菌种类	菌株数（株）	恩诺沙星	氟苯尼考	盐酸多西环素	磺胺间甲氧嘧啶钠	磺胺甲噁唑/甲氧苄啶
气单胞菌	87	9.20	39.08	13.79	66.67	24.14
假单胞菌	35	45.71	85.71	14.29	57.14	60.00
弧菌	13	7.69	23.08	15.38	30.77	7.69
迟缓爱德华氏菌	10	20.00	50.00	40.00	100.00	60.00
芽孢杆菌	5	0.00	60.00	40.00	20.00	20.00

①气单胞菌

由表 7 至表 12 可知，本年度半数气单胞菌对恩诺沙星、盐酸多西环素、磺胺甲噁唑/甲氧苄啶、硫酸新霉素、氟苯尼考和氟甲喹耐受浓度较低（$MIC_{50} \leqslant 2\mu g/mL$），90％的气单胞菌对恩诺沙星仍比较敏感。

表 7　气单胞菌对恩诺沙星的感受性分布（$n=87$）

供试药物	MIC_{50}（$\mu g/mL$）	MIC_{90}（$\mu g/mL$）	不同药物浓度（$\mu g/mL$）下的菌株数（株）											
			≥32	16	8	4	2	1	0.5	0.25	0.125	0.06	0.03	≤0.015
恩诺沙星	0.25	2	2	2	1	3	5	4	13	19	10	15	4	9

表 8　气单胞菌对硫酸新霉素和氟甲喹的感受性分布（$n=87$）

供试药物	MIC_{50}（$\mu g/mL$）	MIC_{90}（$\mu g/mL$）	不同药物浓度（$\mu g/mL$）下的菌株数（株）											
			≥256	128	64	32	16	8	4	2	1	0.5	0.25	≤0.125
硫酸新霉素	2	8	2	0	0	4	1	3	9	38	30	0	0	0
氟甲喹	2	64	1	3	7	12	7	10	2	13	8	13	4	7

表 9　气单胞菌对甲砜霉素和氟苯尼考的感受性分布（$n=87$）

供试药物	MIC_{50}（$\mu g/mL$）	MIC_{90}（$\mu g/mL$）	不同药物浓度（$\mu g/mL$）下的菌株数（株）											
			≥512	256	128	64	32	16	8	4	2	1	0.5	≤0.25
甲砜霉素	512	512	58	0	0	1	4	1	1	2	3	16	0	0
氟苯尼考	2	128	6	2	4	5	7	9	1	5	6	22	13	

表 10　气单胞菌对磺胺间甲氧嘧啶钠的感受性分布（$n=87$）

供试药物	MIC_{50}（$\mu g/mL$）	MIC_{90}（$\mu g/mL$）	不同药物浓度（$\mu g/mL$）下的菌株数（株）										
			≥1 024	512	256	128	64	32	16	8	4	2	≤1
磺胺间甲氧嘧啶钠	1 024	1 024	54	4	3	4	6	7	6	1	0	0	

表 11　气单胞菌对磺胺甲噁唑/甲氧苄啶的感受性分布（$n=87$）

供试药物	MIC_{50}（$\mu g/mL$）	MIC_{90}（$\mu g/mL$）	不同药物浓度（$\mu g/mL$）下的菌株数（株）										
			≥1 024/64	608/32	304/16	152/8	76/4	38/2	19/1	9.5/0.5	4.8/0.25	2.4/0.12	≤1.2/0.06
磺胺甲噁唑/甲氧苄啶	1.2/0.06	1 024/64	18	3	0	0	0	0	2	7	2	5	50

表 12　气单胞菌对盐酸多西环素的感受性分布（$n=87$）

供试药物	MIC_{50}（$\mu g/mL$）	MIC_{90}（$\mu g/mL$）	不同药物浓度（$\mu g/mL$）下的菌株数（株）											
			≥128	64	32	16	8	4	2	1	0.5	0.25	0.125	≤0.06
盐酸多西环素	0.5	32	7	1	2	2	4	14	11	21	16	5	2	

由表 13 至表 15 可知，不同动物来源的气单胞菌对 8 种药物感受性表现为：半数气单胞菌对恩诺沙星、硫酸新霉素、盐酸多西环素和磺胺甲噁唑/甲氧苄啶均敏感，对甲砜霉素和磺胺间甲氧嘧啶钠均耐受，对氟苯尼考和氟甲喹，中华鳖源和大黄鱼源菌株耐受而大口黑鲈源和黄颡鱼源菌株表现为敏感；90%气单胞菌对甲砜霉素、氟苯尼考、氟甲喹和磺胺间甲氧嘧啶钠均耐受，恩诺沙星仅大黄鱼源菌株耐受，硫酸新霉素仅中华鳖源菌株耐受，对磺胺甲噁唑/甲氧苄啶仅黄颡鱼源菌株敏感，对盐酸多西环素，中华鳖源和大黄鱼源菌株耐受而大口黑鲈源和黄颡鱼源菌株敏感。不同动物来源菌株对 5 种药物的耐药率表现为，四种动物源菌株对磺胺间甲氧嘧啶钠的耐药率均较高（56.52%～77.78%），其次是氟苯尼考（22.22%～69.57%），而在恩诺沙星、盐酸多西环素、磺胺甲噁唑/甲氧苄啶 3 种药物上，不同动物来源菌株表现出不同的耐药性（表 15）。

表 13　8 种抗菌药物对不同动物来源气单胞菌 MIC_{50}

来源	菌株数（株）	恩诺沙星	硫酸新霉素	甲砜霉素	氟苯尼考	盐酸多西环素	氟甲喹	磺胺间甲氧嘧啶钠	磺胺甲噁唑/甲氧苄啶
中华鳖源	23	0.25	2	512	32	2	16	1 024	9.5/0.5
大口黑鲈源	9	0.06	2	512	0.5	1	1	512	1.2/0.06
黄颡鱼源	28	0.125	2	512	0.5	0.5	2	1 024	1.2/0.06
大黄鱼源	9	0.5	2	512	16	8	8	1 024	1.2/0.06

表 14　8 种抗菌药物对不同动物来源气单胞菌 MIC_{90}

来源	菌株数（株）	恩诺沙星	硫酸新霉素	甲砜霉素	氟苯尼考	盐酸多西环素	氟甲喹	磺胺间甲氧嘧啶钠	磺胺甲噁唑/甲氧苄啶
中华鳖源	23	1	32	512	512	128	64	1 024	1 216/64
大口黑鲈源	9	4	2	512	32	2	64	1 024	1 216/64
黄颡鱼源	28	2	2	512	32	1	32	1 024	9.5/0.5
大黄鱼源	9	16	4	512	512	128	64	1 024	608/32

表 15　不同动物来源气单胞菌对 5 种已有国际参考标准抗菌药物的耐药率（%）

来源	菌株数（株）	恩诺沙星	氟苯尼考	盐酸多西环素	磺胺间甲氧嘧啶钠	磺胺甲噁唑/甲氧苄啶
中华鳖源	23	4.35	69.57	21.74	56.52	47.83
大口黑鲈源	9	22.22	22.22	0.00	77.78	22.22
黄颡鱼源	28	3.57	32.14	3.57	67.86	7.14
大黄鱼源	9	22.22	55.56	44.44	66.67	22.22

②假单胞菌

由表 16 至表 21 可知，本年度半数假单胞菌对硫酸新霉素、恩诺沙星和盐酸多西环素耐受浓度较低（$MIC_{50} \leqslant 1\mu g/mL$），90％的假单胞菌对硫酸新霉素仍比较敏感。

表 16　假单胞菌对恩诺沙星的感受性分布（$n=35$）

供试药物	MIC_{50} ($\mu g/mL$)	MIC_{90} ($\mu g/mL$)	不同药物浓度（$\mu g/mL$）下的菌株数（株）											
			≥32	16	8	4	2	1	0.5	0.25	0.125	0.06	0.03	≤0.015
恩诺沙星	1	8	0	3	8	5	1	2	5	6	1	2	0	2

表 17　假单胞菌对硫酸新霉素和氟甲喹的感受性分布（$n=35$）

供试药物	MIC_{50} ($\mu g/mL$)	MIC_{90} ($\mu g/mL$)	不同药物浓度（$\mu g/mL$）下的菌株数（株）											
			≥256	128	64	32	16	8	4	2	1	0.5	0.25	≤0.125
硫酸新霉素	0.5	2	1	0	1	0	0	0	0	6	5	14	4	4
氟甲喹	16	256	5	0	3	8	4	5	4	2	1	0	3	0

表 18　假单胞菌对甲砜霉素和氟苯尼考的感受性分布（$n=35$）

供试药物	MIC_{50} ($\mu g/mL$)	MIC_{90} ($\mu g/mL$)	不同药物浓度（$\mu g/mL$）下的菌株数（株）											
			≥512	256	128	64	32	16	8	4	2	1	0.5	≤0.25
甲砜霉素	512	512	18	5	3	4	4	0	0	1	0	0	0	0
氟苯尼考	256	512	15	6	1	3	4	0	1	1	2	1	1	0

表 19　假单胞菌对磺胺间甲氧嘧啶钠的感受性分布（$n=35$）

供试药物	MIC_{50} ($\mu g/mL$)	MIC_{90} ($\mu g/mL$)	不同药物浓度（$\mu g/mL$）下的菌株数（株）										
			≥1 024	512	256	128	64	32	16	8	4	2	≤1
磺胺间甲氧嘧啶钠	512	1 024	12	8	5	3	3	0	1	0	2	1	0

表 20　假单胞菌对磺胺甲噁唑/甲氧苄啶的感受性分布（$n=35$）

供试药物	MIC_{50} ($\mu g/mL$)	MIC_{90} ($\mu g/mL$)	不同药物浓度（$\mu g/mL$）下的菌株数（株）										
			≥1 024/64	608/32	304/16	152/8	76/4	38/2	19/1	9.5/0.5	4.8/0.25	2.4/0.12	≤1.2/0.06
磺胺甲噁唑/甲氧苄啶	76/4	304/16	1	1	2	11	6	0	0	3	0	5	6

表 21　假单胞菌对盐酸多西环素的感受性分布（$n=35$）

供试药物	MIC_{50} ($\mu g/mL$)	MIC_{90} ($\mu g/mL$)	不同药物浓度（$\mu g/mL$）下的菌株数（株）											
			≥128	64	32	16	8	4	2	1	0.5	0.25	0.125	≤0.06
盐酸多西环素	1	16	1	0	2	0	2	1	3	12	6	1	1	4

由表 22 至表 24 可知，不同动物来源的假单胞菌对 8 种药物感受性表现为：半数

假单胞菌对硫酸新霉素和盐酸多西环素均敏感，对甲砜霉素均耐受；90%假单胞菌对硫酸新霉素均敏感，对甲砜霉素、氟甲喹、磺胺间甲氧嘧啶钠均耐受。不同动物来源菌株对 5 种药物的耐药率表现为，三种动物源菌株对磺胺间甲氧嘧啶钠的耐药率均较高（50.00%～100.00%），其次是氟苯尼考耐药率最高，可达 93.10%，磺胺甲噁唑/甲氧苄啶耐药率最高可达 65.52%，黄颡鱼源菌株对恩诺沙星、氟苯尼考、盐酸多西环素和磺胺甲噁唑/甲氧苄啶 4 种药物耐药率均为 0，大口黑鲈源菌株对恩诺沙星和盐酸多西环素耐药率均为 0。

表 22　8 种抗菌药物对不同动物来源假单胞菌 MIC_{50}

来源	菌株数（株）	恩诺沙星	硫酸新霉素	甲砜霉素	氟苯尼考	盐酸多西环素	氟甲喹	磺胺间甲氧嘧啶钠	磺胺甲噁唑/甲氧苄啶
大口黑鲈源	3	0.125	1	512	32	1	8	1 024	9.5/0.5
黄颡鱼源	2	0.06	1	256	1	0.06	1	2	1.2/0.06
大黄鱼源	29	4	0.5	512	256	1	32	512	76/4

表 23　8 种抗菌药物对不同动物来源假单胞菌 MIC_{90}

来源	菌株数（株）	恩诺沙星	硫酸新霉素	甲砜霉素	氟苯尼考	盐酸多西环素	氟甲喹	磺胺间甲氧嘧啶钠	磺胺甲噁唑/甲氧苄啶
大口黑鲈源	3	0.25	1	512	512	2	8	1 024	1 216/64
黄颡鱼源	2	0.25	2	512	2	0.5	8	1 024	1.2/0.06
大黄鱼源	29	8	2	512	512	16	256	1 024	152/8

表 24　不同动物来源假单胞菌对 5 种已有国际参考标准抗菌药物的耐药率（%）

来源	菌株数（株）	恩诺沙星	氟苯尼考	盐酸多西环素	磺胺间甲氧嘧啶钠	磺胺甲噁唑/甲氧苄啶
大口黑鲈源	3	0.00	66.67	0.00	100.00	33.33
黄颡鱼源	2	0.00	0.00	0.00	50.00	0.00
大黄鱼源	29	51.72	93.10	17.24	51.72	65.52

3. 近年耐药性变化情况

与前三年的监测结果相比，2023 年恩诺沙星、硫酸新霉素、盐酸多西环素对菌株的 MIC_{50} 值基本持平，而甲砜霉素、氟甲喹、磺胺间甲氧嘧啶钠 MIC_{50} 值有所升高，磺胺甲噁唑/甲氧苄啶 MIC_{50} 值显著降低（图 3）。甲砜霉素、氟苯尼考和磺胺间甲氧嘧啶钠对菌株 MIC_{90} 值持平，盐酸多西环素、氟甲喹和磺胺甲噁唑/甲氧苄啶 MIC_{90} 值有所上升（图 4）。

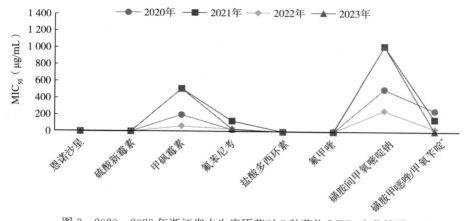

图 3　2020—2023 年浙江省水生病原菌对 8 种药物 MIC_{50} 变化情况

（＊：图中仅以磺胺甲噁唑浓度表示 MIC_{50} 变化情况）

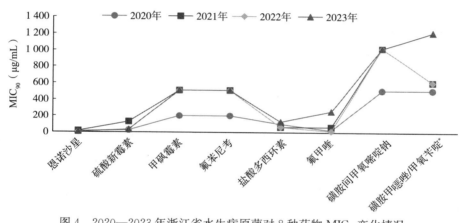

图 4　2020—2023 年浙江省水生病原菌对 8 种药物 MIC_{90} 变化情况

（＊：图中仅以磺胺甲噁唑浓度表示 MIC_{90} 变化情况）

三、分析与建议

2023 年度浙江省在中华鳖、大口黑鲈和黄颡鱼等淡水养殖品种分离的主要病原菌是气单胞菌，而在大黄鱼等海水养殖品种分离的主要病原菌是假单胞菌。根据 CLSI 和 EUCAST 设置的菌株对药物敏感性判断标准，不同动物来源、不同养殖地区、不同种类病原菌以及不同年份菌株对药物感受性存在以下特点：

（1）本年度分离的半数细菌对恩诺沙星、硫酸新霉素、盐酸多西环素、氟甲喹等药物的耐受浓度均较低，对甲砜霉素、氟苯尼考和磺胺间甲氧嘧啶钠的耐受浓度均较高。菌株对药物感受性判定方面，半数细菌对恩诺沙星、盐酸多西环素和磺胺甲噁唑/甲氧苄啶均表现为敏感，对氟苯尼考和磺胺间甲氧嘧啶钠为耐药；90％细菌均表现为耐药。

（2）不同动物来源的菌株对不同药物感受程度具有一定差异，半数菌株表现为均耐受于甲砜霉素和磺胺间甲氧嘧啶钠而均敏感于恩诺沙星和硫酸新霉素，中华鳖源菌株对 4 种药物耐受，大口黑鲈源和黄颡鱼源菌株对 4 种药物均敏感，大黄鱼源菌株耐受于氟苯尼考和氟甲喹而敏感于盐酸多西环素和磺胺甲噁唑/甲氧苄啶。90％菌株表现为黄颡鱼源细菌对恩诺沙星、硫酸新霉素和盐酸多西环素 3 种药物均敏感，中华鳖、大口黑鲈源细菌对 3 种药物均耐受，大黄鱼源细菌敏感于硫酸新霉素而耐受于其余 2 种药物。

（3）淡、海水养殖地区菌株对 8 种药物感受性总体一致，即对恩诺沙星、硫酸新霉素、盐酸多西环素、氟甲喹等药物的耐受浓度均较低，对甲砜霉素、氟苯尼考和磺胺间甲氧嘧啶钠的耐受浓度均较高；不同淡水养殖采样地区总体耐药程度为嘉兴、杭州、湖州耐药性依次减弱；不同海水采样地区总体耐药程度为台州、温州、宁波耐药性依次减弱。

（4）2023 年分离的主要病原菌中假单胞菌耐药程度最严重，表现为对 5 种药物均耐受，而弧菌敏感程度最高。半数气单胞菌对恩诺沙星、盐酸多西环素、磺胺甲噁唑/甲氧苄啶、硫酸新霉素、氟苯尼考和氟甲喹耐受浓度较低，90％的气单胞菌对恩诺沙星仍比较敏感；半数假单胞菌对硫酸新霉素、恩诺沙星和盐酸多西环素耐受浓度较低，90％的假单胞菌对硫酸新霉素仍比较敏感。

（5）与前三年的监测结果相比，2023 年恩诺沙星、硫酸新霉素、盐酸多西环素对菌株 MIC_{50} 值基本持平，而甲砜霉素、氟甲喹、磺胺间甲氧嘧啶钠 MIC_{50} 值有所升高，磺胺甲噁唑/甲氧苄啶 MIC_{50} 值显著降低。甲砜霉素、氟苯尼考和磺胺间甲氧嘧啶钠对菌株 MIC_{90} 值持平，盐酸多西环素、氟甲喹和磺胺甲噁唑/甲氧苄啶 MIC_{90} 值有所上升。

2023年福建省水产养殖动物主要病原菌耐药性监测分析报告

王巧煌　林　楠　陈燕婷　李水根

（福建省水产技术推广总站）

为了进一步了解和掌握水产养殖主要病原菌对渔用抗菌药物的耐药性情况及其变化规律，指导科学使用渔用抗菌药物，提高细菌性病害防控成效，推动渔业绿色高质量发展。2023年度，福建省重点从大黄鱼、对虾养殖品种中分离得到假单胞菌、弧菌等病原菌或疑似病原菌135株，并测定其中102株具有代表性的菌株对8种渔用抗菌药物的敏感性，具体结果如下。

一、材料与方法

1. 样品采集

2023年4—10月，每月分别从宁德大黄鱼养殖区和漳州对虾养殖区采集发病或濒死的大黄鱼、对虾至少一次，并记录养殖场的发病情况、发病水温、用药情况以及水生动物死亡情况等信息。

2. 病原菌分离筛选

在无菌条件下，取大黄鱼的肝脏、肾脏、脾脏及烂身病灶等部位分别接种于TSA培养基平板，以及取对虾的肝胰腺接种于TCBS培养基平板，倒置于（28±2)℃培养18～24h，挑选优势菌落进一步纯化。

3. 病原菌鉴定及保存

纯化后的菌株，挑取单个菌落接种于TSB液体培养基，于（28±2)℃恒温摇床培养18～24h后采用分子生物学方法进行鉴定，筛选出目的菌进行后续药物敏感性试验；同时将菌液与40％的甘油等量混合于−80℃冰箱保存。

4. 病原菌的渔用抗菌药物敏感性检测

供试药物包括恩诺沙星、硫酸新霉素、甲砜霉素、氟苯尼考、盐酸多西环素、氟甲喹、磺胺间甲氧嘧啶钠和磺胺甲噁唑/甲氧苄啶等8种渔用抗菌药物。测定采用全国水产技术推广总站统一制定的药敏检测板，生产单位为复星诊断科技（上海）有限公司，严格按照《药敏检测板使用说明书》进行操作。

5. 数据统计方法

根据美国临床实验室标准化协会（CLSI）发布的药物敏感性及耐药标准，假单胞菌和弧菌对药物的敏感性及耐药性判定范围划分如下：恩诺沙星（S敏感：MIC≤0.5μg/mL，R耐药：MIC≥4μg/mL）；硫酸新霉素（S敏感：MIC≤4μg/mL，R耐药：MIC≥16μg/mL）、甲砜霉素（S敏感：MIC≤8μg/mL，R耐药：MIC≥16μg/mL）、氟苯尼考（S敏感：MIC≤2μg/mL，R耐药：MIC≥8μg/mL）；盐酸多西环素（S敏感：MIC≤4μg/mL，R耐药：MIC≥16μg/mL）；磺胺间甲氧嘧啶钠（S敏感：MIC≤256μg/mL，R耐药：MIC≥512μg/mL）；磺胺甲噁唑/甲氧苄啶（S敏感：MIC≤38/2μg/mL，R耐药：MIC≥76/4μg/mL）；氟甲喹无耐药性判定参考值。

二、药敏测试结果

1. 病原菌分离鉴定总体情况

（1）大黄鱼源分离菌株总体情况

2023年度从宁德主养区的大黄鱼体内共分离鉴定菌株81株。其中，假单胞菌属33株、哈维氏弧菌31株、美人鱼发光杆菌4株、创伤弧菌2株、海豚链球菌2株、其他细菌9株。分离菌株信息详见表1。

表1　大黄鱼源分离菌株信息

种（属）	菌株数（株）	占比（%）
假单胞菌	33	41
哈维氏弧菌	31	38
美人鱼发光杆菌	4	5
创伤弧菌	2	2.5
海豚链球菌	2	2.5
其他细菌	9	11
合计	81	100

（2）对虾源分离菌株总体情况

2023年度从漳州主养区的对虾体内共分离鉴定菌株54株。其中，弧菌属36株、气单胞菌属4株、假单胞菌2株、其他细菌12株。分离菌株信息详见表2。

表2　对虾源分离菌株信息

种（属）	菌株数（株）	占比（%）
霍乱弧菌	7	13
副溶血弧菌	5	9
溶藻弧菌	4	7
创伤弧菌	3	6
哈维氏弧菌	1	2
坎氏弧菌	1	2

（续）

种（属）	菌株数（株）	占比（%）
其他弧菌	15	28
气单胞菌	4	7
假单胞菌	2	4
其他细菌	12	22
合计	54	100

2. 病原菌对不同渔用抗菌药物的耐药性分析

（1）大黄鱼源分离菌株对渔用抗菌药物的耐药性

本年度共开展大黄鱼源分离菌株药物敏感性试验 66 株，包括假单胞菌和弧菌各 33 株。

①大黄鱼源假单胞菌对渔用抗菌药物的敏感性

开展 33 株大黄鱼源假单胞菌对 8 种渔用抗菌药物的药物敏感性试验，其结果详见表 3 至表 5。从表中可以看出，大黄鱼源假单胞菌对 8 种渔用抗菌药物的敏感性表现不一。其中，硫酸新霉素和盐酸多西环素对大黄鱼源假单胞菌的 MIC 分别集中在 $1\sim4\mu g/mL$ 和 $2\sim4\mu g/mL$，MIC_{90} 分别为 $2\mu g/mL$ 和 $4\mu g/mL$，敏感率均为 100%。恩诺沙星对大黄鱼源假单胞的 MIC 集中在 $1\sim16\mu g/mL$，其 MIC_{90} 为 $16\mu g/mL$，耐药率为 66.67%；而氟甲喹、甲砜霉素、氟苯尼考、磺胺间甲氧嘧啶钠和磺胺甲噁唑/甲氧苄啶对大黄鱼源假单胞菌的 MIC 分别集中在 $256\mu g/mL$、$256\sim512\mu g/mL$、$128\mu g/mL$、$512\mu g/mL$ 和 $152/8\mu g/mL$，MIC_{90} 分别为 $\geqslant256\mu g/mL$、$512\mu g/mL$、$128\mu g/mL$、$512\mu g/mL$ 和 $152/8\mu g/mL$；除氟甲喹无耐药折点外，其余 4 种渔用抗菌药物对大黄鱼源假单胞菌的耐药率均为 100%。

表 3　大黄鱼源假单胞菌耐药性监测总体情况（$n=33$）

单位：$\mu g/mL$

供试药物	MIC_{50}	MIC_{90}	耐药率（%）	敏感率（%）
恩诺沙星	8	16	66.67	0
硫酸新霉素	2	2	0	100
氟甲喹	$\geqslant256$	$\geqslant256$	—	—
甲砜霉素	512	512	100	0
氟苯尼考	128	128	100	0
盐酸多西环素	2	4	0	100
磺胺间甲氧嘧啶钠	512	$\geqslant1\,024$	100	0
磺胺甲噁唑/甲氧苄啶	152/8	152/8	100	0

注："—"表示无折点。

表4 7种渔用抗菌药物对大黄鱼源假单胞菌的MIC频数分布（n=33）

供试药物	≥1 024	512	256	128	64	32	16	8	4	2	1	0.5	0.25	0.125	0.06	0.03	≤0.015
恩诺沙星							12	10			3	8					
硫酸新霉素										1	25	7					
氟甲喹			23	5	4	1											
甲砜霉素				17	16												
氟苯尼考				3	30												
盐酸多西环素										14	19						
磺胺间甲氧嘧啶钠		6	27														

不同药物浓度（μg/mL）下的菌株数（株）

表5 磺胺甲噁唑/甲氧苄啶对大黄鱼源假单胞菌的MIC频数分布（n=33）

供试药物	≥1 216/64	608/32	304/16	152/8	76/4	38/2	19/1	9.5/0.5	4.8/0.25	2.4/0.12	≤1.2/0.06
磺胺甲噁唑/甲氧苄啶			33								

不同药物浓度（μg/mL）下的菌株数（株）

②大黄鱼源弧菌对渔用抗菌药物的敏感性

开展33株大黄鱼源弧菌（哈维氏弧菌31株、创伤弧菌2株）对8种渔用抗菌药物的药物敏感性试验，其结果详见表6至表8。可以看出，大黄鱼源弧菌对8种渔用抗菌药物的敏感性各有不同。其中，恩诺沙星对大黄鱼源弧菌的MIC集中在0.03~0.25μg/mL，MIC_{90}为0.06μg/mL，敏感率为100%；盐酸多西环素、硫酸新霉素对大黄鱼源弧菌的MIC集中在0.125~0.25μg/mL和1~2μg/mL，MIC_{90}分别为0.25μg/mL和2μg/mL，敏感率均为96.97%；氟苯尼考、甲砜霉素、磺胺间甲氧嘧啶钠对大黄鱼源弧菌MIC集中在0.5~1μg/mL、1~4μg/mL和2~8μg/mL，MIC_{90}分别为1μg/mL、4μg/mL和256μg/mL，敏感率均为93.94%；磺胺甲噁唑/甲氧苄啶对大黄鱼源弧菌的MIC集中在≤1.2/0.06μg/mL和76/4~152/8μg/mL两个区间，MIC_{90}为76/4μg/mL，敏感率为84.85%；氟甲喹对大黄鱼源弧菌的MIC集中在0.25~0.5μg/mL，MIC_{90}为0.5μg/mL。

表6 大黄鱼源弧菌耐药性监测总体情况（n=33）

单位：μg/mL

供试药物	MIC_{50}	MIC_{90}	耐药率（%）	敏感率（%）
恩诺沙星	0.06	0.06	0	100
硫酸新霉素	2	2	0	96.97
氟甲喹	0.5	0.5	—	—
甲砜霉素	2	4	6.07	93.94

（续）

供试药物	MIC$_{50}$	MIC$_{90}$	耐药率（%）	敏感率（%）
氟苯尼考	0.5	1	6.07	93.94
盐酸多西环素	0.25	0.25	3.03	96.97
磺胺间甲氧嘧啶钠	4	256	6.07	93.94
磺胺甲噁唑/甲氧苄啶	1.2/0.06	76/4	15.15	84.85

注："—"表示无折点。

表 7　7 种渔用抗菌药物对大黄鱼源弧菌的 MIC 频数分布（n＝33）

供试药物	不同药物浓度（μg/mL）下的菌株数（株）																
	≥1 024	512	256	128	64	32	16	8	4	2	1	0.5	0.25	0.125	0.06	0.03	≤0.015
恩诺沙星												2	1	24	6		
硫酸新霉素							1	1	24	7							
氟甲喹			1	2								22	8				
甲砜霉素		1						1	6	21	4						
氟苯尼考		1						1		2	29						
盐酸多西环素									1				24	8			
磺胺间甲氧嘧啶钠	2	2	2	2				4	14	6	1						

表 8　磺胺甲噁唑/甲氧苄啶对大黄鱼源弧菌的 MIC 频数分布（n＝33）

供试药物	不同药物浓度（μg/mL）下的菌株数（株）										
	≥1 216/64	608/32	304/16	152/8	76/4	38/2	19/1	9.5/0.5	4.8/0.25	2.4/0.12	≤1.2/0.06
磺胺甲噁唑/甲氧苄啶	1			2	2		2				26

（2）对虾源弧菌对渔用抗菌药物的敏感性

开展 36 株对虾源弧菌对 8 种渔用抗菌药物的药物敏感性试验，其结果详见表 9 至表 11。可以看出，对虾源弧菌对 8 种渔用抗菌药物的敏感性各有不同。其中，盐酸多西环素、硫酸新霉素对对虾源弧菌的 MIC 集中在 0.125～0.5μg/mL 和 1～4μg/mL，MIC$_{90}$ 分别为 2μg/mL 和 4μg/mL，敏感率均为 97.22%；恩诺沙星对对虾源弧菌的 MIC 集中在 0.125μg/mL 及以下，MIC$_{90}$ 为 0.125μg/mL，敏感率为 94.44%；磺胺间甲氧嘧啶钠对对虾源弧菌的 MIC 集中在 1～512μg/mL，MIC$_{90}$ 为 256μg/mL，敏感率为 91.67%；氟苯尼考对对虾源弧菌的 MIC 集中在 0.25～8μg/mL，MIC$_{90}$ 为 4μg/mL，敏感率为 80.56%；磺胺甲噁唑/甲氧苄啶对对虾源弧菌的 MIC 集中在 ≤1.2/0.06μg/mL 和 304/16～1 216/64μg/mL 两个区间，MIC$_{90}$ 为 1 216/64μg/mL，敏感率为 72.22%；甲砜霉素对对虾源弧菌的 MIC 集中在 64μg/mL 及以下和 256～512μg/mL 两个区间，MIC$_{90}$ 为 256μg/mL。

表 9　对虾源弧菌耐药性监测总体情况（n＝36）

单位：μg/mL

供试药物	MIC$_{50}$	MIC$_{90}$	耐药率（%）	敏感率（%）
恩诺沙星	0.06	0.125	2.78	94.44
硫酸新霉素	2	4	2.78	97.22
氟甲喹	0.25	1	—	—
甲砜霉素	4	256	38.89	61.11
氟苯尼考	0.5	4	8.33	80.56
盐酸多西环素	0.25	2	2.78	97.22
磺胺间甲氧嘧啶钠	8	256	8.33	91.67
磺胺甲噁唑/甲氧苄啶	≤1.2/0.06	1 216/64	27.78	72.22

注：“—”表示无折点。

表 10　7 种渔用抗菌药物对对虾源弧菌的 MIC 频数分布（n＝36）

供试药物	不同药物浓度（μg/mL）下的菌株数（株）																
	≥1 024	512	256	128	64	32	16	8	4	2	1	0.5	0.25	0.125	0.06	0.03	≤0.015
恩诺沙星			1							1				3	21	7	3
硫酸新霉素								1	5	20	8	2					
氟甲喹				1		1	1				2	8	19	4			
甲砜霉素		2	9	1	1	1	1		4	10	7						
氟苯尼考							1		2	4	4	3	21	1			
盐酸多西环素							1		1	8	4	11	10	1			
磺胺间甲氧嘧啶钠	1	2	2	1	2	4	4	6	4	5	5						

表 11　磺胺甲噁唑/甲氧苄啶对对虾源弧菌对的 MIC 频数分布（n＝36）

供试药物	不同药物浓度（μg/mL）下的菌株数（株）										
	≥1 216/64	608/32	304/16	152/8	76/4	38/2	19/1	9.5/0.5	4.8/0.25	2.4/0.12	≤1.2/0.06
磺胺甲噁唑/甲氧苄啶	6	3	1					2			24

3. 耐药性变化情况

（1）大黄鱼源假单胞菌耐药性的年度变化情况

比较渔用抗菌药物对 2022 年、2023 年福建省大黄鱼源假单胞菌的 MIC$_{90}$ 及其耐药率，详见表 12 和图 1。结果显示，与 2022 年相比，氟苯尼考对 2023 年分离的大黄鱼源假单胞菌的 MIC$_{90}$ 呈现下降趋势，磺胺甲噁唑/甲氧苄啶对 2023 年分离的大黄鱼源假单胞菌的 MIC$_{90}$ 持平，其余 5 种渔用抗菌药物对 2023 年分离的大黄鱼源假单胞菌的 MIC$_{90}$ 均大幅度上升。

从耐药率变化情况来看，2022 年和 2023 年分离的大黄鱼源假单胞对硫酸新霉素和盐酸多西环素的耐药率均为 0，而对甲砜霉素和氟苯尼考的耐药率均为 100%，对其余供试渔用抗菌药物（除氟甲喹外）的耐药率均有所上升。

表 12　渔用抗菌药物对 2022 年和 2023 年大黄鱼源假单胞菌的 MIC_{90} 及菌株耐药率

供试药物	MIC_{90}（μg/mL）		耐药率（%）	
	2022 年	2023 年	2022 年	2023 年
恩诺沙星	8	16	40	66.67
硫酸新霉素	0.25	2	0	0
氟甲喹	64	≥256	/	/
甲砜霉素	128	512	100	100
氟苯尼考	256	128	100	100
盐酸多西环素	2	4	0	0
磺胺间甲氧嘧啶钠	512	≥1 024	90	100
磺胺甲噁唑/甲氧苄啶	152/8	152/8	96.67	100

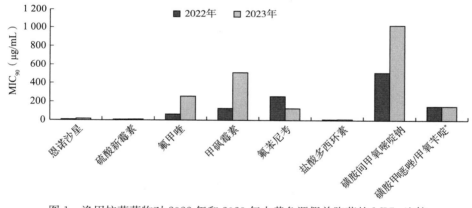

图 1　渔用抗菌药物对 2022 年和 2023 年大黄鱼源假单胞菌的 MIC_{90} 比较

（ * ：图中仅以磺胺甲噁唑浓度表示 MIC_{90} 变化情况）

（2）大黄鱼源弧菌耐药性的年度变化情况

比较渔用抗菌药物对 2022 年、2023 年福建省大黄鱼源弧菌的 MIC_{90} 及其耐药率，详见表 13 和图 2。结果发现，与 2022 年相比，磺胺间甲氧嘧啶钠对 2023 年分离的大黄鱼源弧菌的 MIC_{90} 上升 100%，硫酸新霉素对 2023 年分离的大黄鱼源弧菌的 MIC_{90} 保持不变，而其余 6 种渔用抗菌药物对 2022 年分离的大黄鱼源弧菌的 MIC_{90} 均呈现大幅度的降低，下降幅度从 50.0% 到 98.4% 不等；其中，甲砜霉素、氟苯尼考、盐酸多西环素下降幅度均为 98.4%，恩诺沙星下降幅度为 97.0%，氟甲喹下降 87.5%，磺胺甲噁唑/甲氧苄啶下降 50%。

从耐药率变化情况来看，与 2022 年相比，2023 年分离的大黄鱼源弧菌对恩诺沙星、氟苯尼考、盐酸多西环素、磺胺间甲氧嘧啶钠、磺胺甲噁唑/甲氧苄啶的耐药率均有所下降，下降幅度从 33.2％到 100％不等；而对甲砜霉素的耐药率有所上升，对硫酸新霉素的耐药率保持不变，仍为 0。

表 13　渔用抗菌药物对 2022 年和 2023 年大黄鱼源弧菌的 MIC_{90} 及菌株耐药率

供试药物	MIC_{90}（μg/mL）		耐药率（％）	
	2022 年	2023 年	2022 年	2023 年
恩诺沙星	2	0.06	9.09	0
硫酸新霉素	2	2	0	0
氟甲喹	4	0.5	/	/
甲砜霉素	256	4	0	6.07
氟苯尼考	64	1	15.15	6.07
盐酸多西环素	16	0.25	15.15	3.03
磺胺间甲氧嘧啶钠	128	256	9.09	6.07
磺胺甲噁唑/甲氧苄啶	152/8	76/4	24.24	15.15

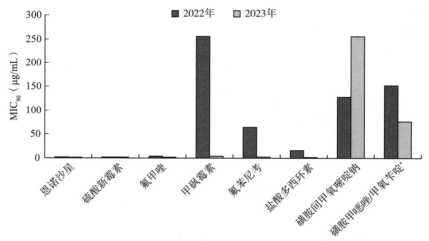

图 2　渔用抗菌药物对 2022 年和 2023 年大黄鱼源弧菌的 MIC_{90} 比较

（*：图中仅以磺胺甲噁唑浓度表示 MIC_{90} 变化情况）

（3）对虾源弧菌耐药性的年度变化情况

比较渔用抗菌药物对 2022 年、2023 年福建省对虾源弧菌的 MIC_{90} 及其耐药率，详见表 14 和图 3。结果发现，与 2022 年相比，恩诺沙星和氟甲喹对 2023 年分离的对虾源弧菌的 MIC_{90} 均下降 50％，氟苯尼考和盐酸多西环素对 2023 年分离的对虾源弧菌的 MIC_{90} 与 2022 年持平；而其余 4 种渔用抗菌药物对 2023 年分离的对虾源弧菌的 MIC_{90} 均有较大幅度的上升趋势。

从耐药率变化情况来看，与 2022 年相比，2023 年分离的对虾源弧菌对盐酸多西环素的耐药率小幅下降，下降幅度为 5.4%，对其余供试渔用抗菌药物（除氟甲喹外）均呈现大幅度的上升趋势。

表 14　渔用抗菌药物对 2022 年和 2023 年对虾源弧菌的 MIC_{90} 及菌株耐药率

供试药物	MIC_{90}（$\mu g/mL$）		耐药率（%）	
	2022 年	2023 年	2022 年	2023 年
恩诺沙星	0.25	0.125	0	2.78
硫酸新霉素	2	4	0	2.78
氟甲喹	2	1	/	/
甲砜霉素	4	256	2.94	38.89
氟苯尼考	4	4	2.94	8.33
盐酸多西环素	2	2	2.94	2.78
磺胺间甲氧嘧啶钠	16	256	2.94	8.33
磺胺甲噁唑/甲氧苄啶	2.4/0.12	1 216/64	5.88	27.78

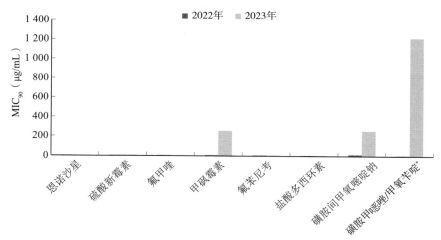

图 3　渔用抗菌药物对 2022 年和 2023 年对虾源弧菌的 MIC_{90} 比较

（＊：图中仅以磺胺甲噁唑浓度表示 MIC_{90} 变化情况）

三、分析与建议

1. 试验结果分析

2023 年度共开展 66 株大黄鱼源细菌的药物敏感性试验，包括假单胞菌和弧菌各 33 株，结果表明大黄鱼源假单胞菌对硫酸新霉素和盐酸多西环素相对比较敏感，敏感率均为 100%；这与往年的监测结果基本一致，但与前几年相比，大黄鱼源假单胞菌对恩诺沙星的 MIC_{90} 和耐药率均呈现上升的趋势，这可能与实际生产中该种类药物的使用量增加有直接关系，往后需要警惕耐药性的进一步提高。而大黄鱼源弧菌对所供试渔用抗菌药物（除氟甲喹外）均相对较敏感，敏感率均在84％以上。可见，同种养殖品种来源的不同病原菌对同一种渔用抗菌药物的敏感性存在差异。

2023年度开展36株对虾源弧菌的药物敏感性试验，结果表明对虾源弧菌对恩诺沙星、硫酸新霉素、盐酸多西环素、磺胺间甲氧嘧啶钠相对较敏感，敏感率均大于91％；这与往年的监测结果基本一致，但与2022年相比，除恩诺沙星、氟甲喹、氟苯尼考和盐酸多西环素外，其余4种所检渔用抗菌药物（硫酸新霉素、甲砜霉素、磺胺间甲氧嘧啶钠和磺胺甲噁唑/甲氧苄啶）对2023年分离的对虾源弧菌的MIC_{90}均有较大幅度上升；以及除盐酸多西环素和氟甲喹外，2023年分离的对虾源弧菌对其余6种渔用抗菌药物的耐药率也有较大幅度上升。因此，为防止耐药致病菌的产生和扩散，加剧细菌性疾病的防治难度以及引起水产品质量安全问题，建议在对虾养殖过程中抗菌药物的使用需慎重，可采用"生物絮团"等绿色生态健康养殖技术及规范使用微生态制剂、中草药制剂等渔用抗菌药物替代品来防治对虾细菌性疾病，不用或减少使用各类渔用抗菌药物。

2. 加强与水产养殖动物疾病诊疗服务机构合作

我们需有针对性地采集大量具有典型症状的水产养殖动物进行致病菌的分离纯化，而固定监测点来源的水产养殖动物不一定发病，导致分离的菌株不一定是致病菌。鉴于此，建议加强与规模较大的水产养殖动物疾病诊疗服务机构合作，充分利用其优势广泛采集目的致病菌，开展目的致病菌耐药性普查，掌握目的致病菌的耐药性变化规律。

2023年山东省水产养殖动物主要病原菌耐药性监测分析报告

腾兴华[1]　王昕欣[1]　卓　然[1]　郎言所[1]　陈笑冰[2]

（1. 山东省东阿县畜牧水产事业发展中心

2. 山东省渔业发展和资源养护总站）

为了解掌握水产养殖主要病原菌耐药性情况及其变化规律，指导科学使用水产用抗菌药物，提高细菌性病害防控成效，推动渔业绿色高质量发展，2023年，山东省东阿县从鲤（东阿黄河鲤、锦鲤）养殖品种发病鱼体中分离得到气单胞菌、弗氏柠檬酸杆菌、海胆鞘氨醇单胞菌等病原菌，并重点测定气单胞菌对8种水产用抗菌药物的敏感性：

一、材料与方法

1. 样品采集

试验样品定点采样点为山东省东阿县绣青水产养殖专业合作社、山东省东阿县好水源水产养殖专业合作社、山东省东阿县渔荷源水产养殖有限公司。为扩大样品来源，增加山东省东阿县庞苓水产养殖专业合作社等养殖场（池）。供试菌株为采集样本（健康鱼、病死鱼）自行分离的病原菌。2023年5—10月，采集具有典型病症的病鱼试验样品，无病症时采集正常样品例行检验，每个采样点采集样本2～6尾，累计采样42批次，共计245尾。

2. 病原菌分离筛选

定期采集健康及发病有典型病症的鲤样本，活体充氧或冰袋冷藏带回实验室，当天完成解剖。选取病灶组织、肝脏、肾脏、脾脏、肠等组织或器官接种于选择性培养基中，分离病原菌。选用RS培养基、血琼脂平板作为选择性培养基，恒温培养（28±1)℃，24～28h后观察菌落特征。挑取单菌落接种于普通营养琼脂培养基纯化。

3. 病原菌鉴定及保存

纯化后的菌株，分装于预先加入灭菌甘油肉汤（最终甘油浓度达25％）的2mL冻存管中，一份冻存于−20℃低温冰箱中备用，一份用于测序鉴定。鉴定采用分子生物学方法。

二、药敏测试结果

1. 病原菌分离鉴定总体情况

42批次累计采集鲤245尾用于病原菌分离，上海海洋大学鉴定冻存细菌155株，得到鉴定菌株 46 株，其中气单胞菌 26 株。

2. 病原菌对不同抗菌药物耐药性分析

（1）病原菌对抗菌药物的感受性

2023 年共分离获得 26 株鲤源气单胞菌属细菌，对 7 种水产用抗菌药物敏感率都超过 50%。盐酸多西环素、硫酸新霉素、恩诺沙星 MIC_{90} 均≤32μg/mL，低度敏感；氟苯尼考 MIC_{90} 为 128μg/mL，高度敏感；磺胺间甲氧嘧啶钠、磺胺甲噁唑/甲氧苄啶 MIC_{90} 达到检测上限，但大部分菌株仍表现有较高的敏感率；对氟甲喹、甲砜霉素表现为耐药，MIC_{90} 达到或接近检测上限。具体结果见表 1 至表 7。

表 1 鲤源气单胞菌耐药性监测总体情况（n＝26）

单位：μg/mL

供试药物	MIC_{50}	MIC_{90}	耐药率	中介率	敏感率	耐药性判定参考值		
						耐药折点	中介折点	敏感折点
恩诺沙星	0.25	2	7.7%	23.1%	69.2%	≥4	1～2	≤0.5
氟苯尼考	1	128	34.6%	3.8%	61.6%	≥8	4	≤2
盐酸多西环素	1	8	11.5%	7.7%	80.8%	≥16	8	≤4
磺胺间甲氧嘧啶钠	128	≥1 024	30.8%	0	69.2%	≥512	—	≤256
磺胺甲噁唑/甲氧苄啶	0.125/2.4	≥64/1 216	23.1%	0	76.9%	≥76/4	—	≤38/2
硫酸新霉素	2	32	19.2%	7.7%	73.1%	≥16	8	≤4
甲砜霉素	4	≥512	42.3%	0	57.7%	≥16	—	≤8
氟甲喹	4	≥256	△	△	△	—	—	—

注：①"—"表示无折点；②"△"表示无参考计算值。

表 2 恩诺沙星对鲤源气单胞菌的 MIC 频数分布（n＝26）

供试药物	不同药物浓度（μg/mL）下的菌株数（株）											
	≥32	≥16	8	4	2	1	0.5	0.25	0.125	0.06	0.03	≤0.015
恩诺沙星	1	0	0	1	2	4	5	3	3	4	0	3

表 3 盐酸多西环素对鲤源气单胞菌的 MIC 频数分布（n＝26）

供试药物	不同药物浓度（μg/mL）下的菌株数（株）											
	128	64	32	16	8	4	2	1	0.5	0.25	0.125	≤0.06
盐酸多西环素	0	1	1	1	2	4	2	10	4	0	0	1

表 4 硫酸新霉素、氟甲喹对鲤源气单胞菌的 MIC 频数分布（n＝26）

供试药物	不同药物浓度（μg/mL）下的菌株数（株）											
	≥256	128	64	32	16	8	4	2	1	0.5	0.25	≤0.125
硫酸新霉素	1	0	2	1	1	2	3	15	0	0	0	1
氟甲喹	5	4	5	0	0	1	2	2	0	1	3	3

表 5　甲砜霉素、氟苯尼考对鲤源气单胞菌的 MIC 频数分布（n＝26）

供试药物	不同药物浓度（μg/mL）下的菌株数（株）											
	≥512	256	128	64	32	16	8	4	2	1	0.5	≤0.25
甲砜霉素	8	1	1	1	0	0	2	2	7	4	0	0
氟苯尼考	2	0	2	1	3	0	1	1	2	2	11	1

表 6　磺胺间甲氧嘧啶钠对鲤源气单胞菌的 MIC 频数分布（n＝26）

供试药物	不同药物浓度（μg/mL）下的菌株数（株）										
	≥1 024	512	256	128	64	32	16	8	4	2	≤1
磺胺间甲氧嘧啶钠	8	0	3	4	5	4	1	0	0	0	1

表 7　磺胺甲噁唑/甲氧苄啶对鲤源气单胞菌的 MIC 频数分布（n＝26）

供试药物	不同药物浓度（μg/mL）下的菌株数（株）										
	≥1 216/64	≥608/32	304/16	152/8	76/4	38/2	19/1	9.5/0.5	4.8/0.25	2.4/0.12	≤1.2/0.06
磺胺甲噁唑/甲氧苄啶	6	0	0	0	0	0	0	1	2	10	7

（2）菌株耐受性

根据各菌株对药物的耐受性结果，以美国临床实验室标准研究所（CLSI）发布的药物敏感性及耐药性标准（VET02、M100、M45）和欧盟药敏标准 EUCAST 对菌株耐药性为判定依据，对分离病原菌的耐药性进行统计，详见图 1。

鲤源气单胞菌对 7 种渔用抗菌药中耐药率低于 10% 的是恩诺沙星；耐药率介于 10%～25% 的有盐酸多西环素、硫酸新霉素、磺胺甲噁唑/甲氧苄啶；介于 25%～50% 的有磺胺间甲氧嘧啶钠、氟苯尼考、甲砜霉素。对氟甲喹耐药率虽低于 50%，但 MIC_{90} 达到检测上限。

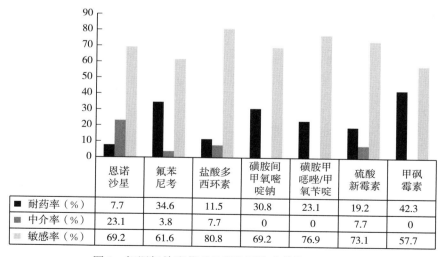

	恩诺沙星	氟苯尼考	盐酸多西环素	磺胺间甲氧嘧啶钠	磺胺甲噁唑/甲氧苄啶	硫酸新霉素	甲砜霉素
■ 耐药率（%）	7.7	34.6	11.5	30.8	23.1	19.2	42.3
■ 中介率（%）	23.1	3.8	7.7	0	0	7.7	0
■ 敏感率（%）	69.2	61.6	80.8	69.2	76.9	73.1	57.7

图 1　鲤源气单胞菌对 7 种渔用抗菌药物的敏感性

3. 耐药性变化情况

由于首次参与鲤病原菌耐药性监测，无数据可查，耐药性变化情况不明。

三、分析与建议

2023 年 5—10 月，从 21 家养殖场（池）采集样本，分离得到 26 株鲤源气单胞菌属菌株。盐酸多西环素、硫酸新霉素、恩诺沙星对气单胞菌的 MIC_{90} 均 $\leqslant 32\mu g/mL$，是在所测试的渔用抗菌药物中表现均敏感的药物。在养殖过程中，应避免长时间持续使用一种或几种渔用抗菌药物，减少耐药菌产生。

细菌耐药性与养殖密度、病防综合措施、时间、环境条件、药物精准使用有密切关系，为做好全省水产养殖生产，提高产品质量，减少渔用抗菌药物使用，应增加养殖场（池）样本采集频次，及时分析总结，指导生产。

为加强耐药性监测的技术规范性，建议对检测试剂、培养基实行统一配发或定点采购，减少误差，增强数据可靠性。

2023 年河南省水产养殖动物主要病原菌耐药性监测分析报告

尚胜男　李旭东　程明珠

（河南省水产技术推广站）

为了解掌握水产养殖主要病原菌对渔用抗菌药物的耐药性情况及其变化规律，指导科学使用渔用抗菌药物，提高细菌性病害防控成效，推动渔业绿色高质量发展，河南地区重点从鲤、斑点叉尾鮰、草鱼和大口黑鲈 4 种主要养殖品种中分离得到维氏气单胞菌等病原菌，并测定其对 8 种渔用抗菌药物的敏感性，具体结果如下。

一、材料和方法

1. 样品采集

2023 年 4—10 月，分别从河南省郑州市中牟县、开封市龙亭区、开封市示范区、洛阳市孟津区和新乡市延津县等地养殖池塘，采集鲤、斑点叉尾鮰、草鱼和大口黑鲈等样品，每月一次，共 7 次，采集样本数量为 88 个。

2. 病原菌分离筛选

常规无菌操作取样本的肝、肾以及其他相关病灶组织，在 RS 琼脂平板上划线接种，28℃培养 18～24h，挑选优势单菌落进一步纯化培养。

3. 病原菌鉴定及保存

从纯化后的细菌中挑取单个菌落接种于普通肉汤培养基，于 28℃恒温摇床培养 18～24h 后，采用分子生物学方法进行鉴定（用副溶血弧菌 ATCC17802 和嗜水气单胞菌 AS1.1801 作质控菌株进行质控），并将菌液与 50% 的灭菌甘油等量混合后于 −80℃保存。

二、药敏测试结果

1. 病原菌分离鉴定总体情况

2023 年共分离鉴定出 66 株气单胞菌，其中，维氏气单胞菌 53 株（占比 53.8%），温和气单胞菌 5 株（占比 5.8%），中间气单胞菌 4 株（占比 4.6%），嗜水气单胞菌 3 株（占比 3.5%），简氏气单胞菌 1 株（占比 1.1%）。

2. 病原菌对不同抗菌药物的耐药性分析

测定方法按照药敏检测板的使用说明书进行。用大肠埃希氏菌（ATCC25922）

作质控菌株进行质控。

（1）气单胞菌耐药性总体情况

气单胞菌对 8 种抗菌药物的耐药性监测总体情况如表 1 所示，气单胞菌对硫酸新霉素和盐酸多西环素的耐药率相对较低，分别为 6% 和 18.2%；对磺胺间甲氧嘧啶钠、氟苯尼考和甲砜霉素的耐药率则相对较高，分别为 37.9%、36.4% 和 34.8%。不同抗菌药物对气单胞菌的 MIC 频次分布情况详见表 2 至表 5。

表 1   气单胞菌耐药性监测总体情况 （$n=66$）

单位：μg/mL

供试药物	MIC$_{50}$	MIC$_{90}$	耐药率	中介率	敏感率	耐药性判定参考值		
						耐药折点	中介折点	敏感折点
恩诺沙星	0.25	16	22.7%	15.2%	62.1%	≥4	1～2	≤0.5
氟苯尼考	0.5	512	36.4%	1.5%	62.1%	≥8	4	≤2
盐酸多西环素	0.5	16	18.2%	4.5%	77.3%	≥16	8	≤4
磺胺间甲氧嘧啶钠	128	＞1 024	37.9%	/	62.1%	≥512	—	≤256
磺胺甲噁唑/甲氧苄啶	2.4/0.125	＞1 216/64	21.2%	/	78.8%	≥76/4	—	≤38/2
硫酸新霉素	2	8	6%	6%	88%	≥16	8	≤4
甲砜霉素	2	＞512	34.8%	/	65.2%	≥16	—	≤8
氟甲喹	8	128	/	/	/	—	—	—

表 2   恩诺沙星对气单胞菌的 MIC 频数分布 （$n=66$）

供试药物	不同药物浓度（μg/mL）下的菌株数（株）											
	≥32	16	8	4	2	1	0.5	0.25	0.125	0.06	0.03	≤0.015
恩诺沙星	5	3	2	5	5	5	8	6	8	10	1	8

表 3   盐酸多西环素对气单胞菌的 MIC 频数分布 （$n=66$）

供试药物	不同药物浓度（μg/mL）下的菌株数（株）											
	≥128	64	32	16	8	4	2	1	0.5	0.25	0.125	≤0.06
盐酸多西环素	0	1	3	8	3	3	4	8	36	0	0	0

表 4   硫酸新霉素、氟甲喹对气单胞菌的 MIC 频数分布 （$n=66$）

供试药物	不同药物浓度（μg/mL）下的菌株数（株）											
	≥256	128	64	32	16	8	4	2	1	0.5	0.25	≤0.125
硫酸新霉素	2	2	0	0	0	4	9	29	17	2	1	0
氟甲喹	5	10	9	5	1	6	7	4	9	3	1	6

表 5 甲砜霉素、氟苯尼考对气单胞菌的 MIC 频数分布 （$n=66$）

供试药物	不同药物浓度 （μg/mL） 下的菌株数 （株）											
	≥512	256	128	64	32	16	8	4	2	1	0.5	≤0.25
甲砜霉素	23	0	0	0	0	0	0	6	20	16	0	1
氟苯尼考	7	3	2	8	3	1	0	1	2	6	30	3

表 6 磺胺间甲氧嘧啶钠对气单胞菌的 MIC 频数分布 （$n=66$）

供试药物	不同药物浓度 （μg/mL） 下的菌株数 （株）										
	≥1 024	512	256	128	64	32	16	8	4	2	≤1
磺胺间甲氧嘧啶钠	21	4	7	9	9	9	5	0	0	0	0

表 7 磺胺甲噁唑/甲氧苄啶对气单胞菌的 MIC 频数分布 （$n=66$）

供试药物	不同药物浓度 （μg/mL） 下的菌株数 （株）										
	≥1 216/ 64	608/ 32	304/ 16	152/ 8	76/ 4	38/ 2	19/ 1	9.5/ 0.5	4.8/ 0.25	2.4/ 0.12	≤1.2/ 0.06
磺胺甲噁唑/甲氧苄啶	14	0	0	0	0	1	0	1	7	12	31

（2）不同地区分离的气单胞菌对抗菌药物的耐药性

比较 8 种水产用抗菌药物对郑州、洛阳、开封、新乡等 4 个地区养殖场分离得到的气单胞菌的 MIC_{50} 和 MIC_{90}（表 8）发现，硫酸新霉素和盐酸多西环素对 4 个地区分离的气单胞菌的 MIC_{50} 和 MIC_{90} 均相对较低；恩诺沙星对开封、新乡两地的气单胞菌的 MIC_{50} 和 MIC_{90} 均呈现较低水平；除新乡外，甲砜霉素、氟苯尼考、氟甲喹、磺胺间甲氧嘧啶钠和磺胺甲噁唑/甲氧苄啶对其他三个地区气单胞菌的 MIC_{50} 和 MIC_{90} 均相对较高。

表 8 8 种水产用抗菌药物对不同养殖地区分离的气单胞菌的 MIC_{50} 和 MIC_{90}

单位：μg/mL

供试药物	郑州		洛阳		开封		新乡	
	MIC_{50}	MIC_{90}	MIC_{50}	MIC_{90}	MIC_{50}	MIC_{90}	MIC_{50}	MIC_{90}
恩诺沙星	8	32	0.5	16	0.25	2	0.06	8
硫酸新霉素	2	256	2	8	2	2	2	8
甲砜霉素	512	512	2	512	2	512	2	4
氟苯尼考	64	512	0.5	256	0.5	64	0.5	4
盐酸多西环素	8	32	1	16	0.5	8	0.5	1
氟甲喹	128	256	64	128	4	128	1	64
磺胺间甲氧嘧啶钠	1 024	1 024	256	1 024	64	1 024	64	256
磺胺甲噁唑/甲氧苄啶	1 216/64	1 216/64	2.4/0.125	1 216/64	1.2/0.06	1 216/64	1.2/0.06	4.8/0.25

（3）不同品种分离的气单胞菌对抗菌药物的耐药性

8 种抗菌药物对不同品种分离出来的气单胞菌的 MIC_{50} 和 MIC_{90} 见表 9。如表所示，甲砜霉素对斑点叉尾鮰和鲤中分离出的气单胞菌的 MIC_{50} 和 MIC_{90} 相同；恩诺沙星、硫酸新霉素、氟苯尼考和盐酸多西环素对斑点叉尾鮰的 MIC_{50} 和 MIC_{90} 普遍高于其他 3 个品种；氟甲喹对 4 个品种分离的气单胞菌的 MIC_{50} 和 MIC_{90} 相对一致；磺胺甲噁唑/甲氧苄啶对鲤和草鱼的气单胞菌的 MIC_{50} 和 MIC_{90} 相对较低，对其余 3 个品种分离的气单胞菌的 MIC_{50} 和 MIC_{90} 普遍较高；磺胺间甲氧嘧啶钠对 4 个品种分离出来的气单胞菌的 MIC_{50} 和 MIC_{90} 均处于很高水平。

表 9　8 种水产用抗菌药物对不同品种分离的气单胞菌的 MIC_{50} 和 MIC_{90}

单位：μg/mL

供试药物	鲤		斑点叉尾鮰		草鱼		大口黑鲈	
	MIC_{50}	MIC_{90}	MIC_{50}	MIC_{90}	MIC_{50}	MIC_{90}	MIC_{50}	MIC_{90}
恩诺沙星	0.25	8	0.5	32	0.125	4	0.125	2
硫酸新霉素	2	4	1	128	2	2	2	8
甲砜霉素	2	512	2	512	2	4	2	512
氟苯尼考	1	256	0.5	512	0.5	0.5	1	64
盐酸多西环素	1	8	0.5	32	0.5	0.5	0.5	8
氟甲喹	8	128	8	256	1	256	8	128
磺胺间甲氧嘧啶钠	256	1 024	32	1 024	1 024	1 024	64	1 024
磺胺甲噁唑/甲氧苄啶	2.4/0.125	4.8/0.25	2.4/0.125	1 216/64	1.2/0.06	1.2/0.06	1.2/0.06	1 216/64

3. 耐药性变化情况

针对抗菌药物对气单胞菌的 MIC_{50} 和 MIC_{90}，与 2022 年进行比较分析，结果如图 1 和图 2 所示。

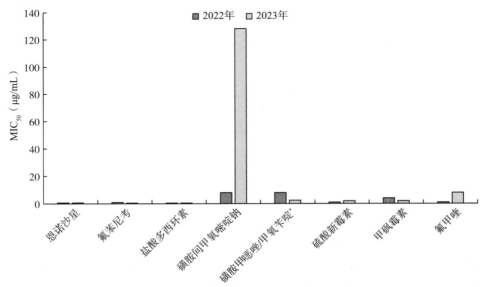

图 1　2022—2023 年抗菌药物对气单胞菌的 MIC_{50} 变化

（＊：图中仅以磺胺甲噁唑浓度表示 MIC_{50} 变化情况）

与 2022 年相比，2023 年恩诺沙星、盐酸多西环素、硫酸新霉素和甲砜霉素对气单胞菌的 MIC_{50} 和 MIC_{90} 基本没有变化；磺胺间甲氧嘧啶钠对气单胞菌的 MIC_{50} 大幅升高，而 MIC_{90} 则与 2022 年相同；磺胺甲噁唑/甲氧苄啶对气单胞菌的 MIC_{50} 变化不大，而 MIC_{90} 则有了一定的升高；氟苯尼考对气单胞菌的 MIC_{50} 变化不大，而 MIC_{90} 则有了一定的升高；氟甲喹对气单胞菌的 MIC_{50} 和 MIC_{90} 均有了小幅的升高。

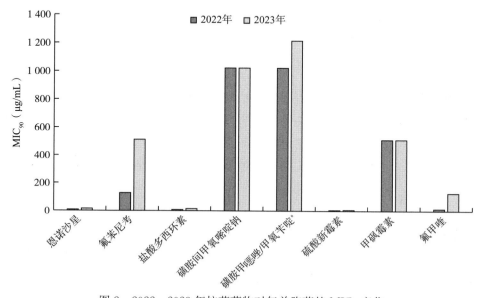

图 2　2022—2023 年抗菌药物对气单胞菌的 MIC_{90} 变化

（＊：图中仅以磺胺甲噁唑浓度表示 MIC_{90} 变化情况）

三、分析与建议

针对本次分离到的 66 株气单胞菌，硫酸新霉素对其的 MIC_{50} 和 MIC_{90} 分别为 $2\mu g/mL$ 和 $8\mu g/mL$，敏感率为 88%，在所测试的抗菌药物中为非常敏感的药物，盐酸多西环素和磺胺甲噁唑/甲氧苄啶的敏感率均在 75% 以上，建议养殖户在对气单胞菌感染进行治疗时应依据药敏试验结果选择使用何种水产用抗菌药物。

当细菌长期与低浓度抗菌药物接触时，容易诱导产生耐药性，抗菌药物的过度使用会增强细菌的耐药性，同时，对养殖水体也会造成一定程度的破坏。因此，抗菌药物不能作为预防用药长期低浓度使用。在治疗细菌性疾病时，应选择药敏试验结果中敏感的水产用抗菌药物，避免长期使用同一种水产用抗菌药物而导致耐药性的产生。

本年度病原菌耐药性监测基本覆盖了本省的主要养殖对象，在今后的监测工作中可扩大监测区域，以利于更全面地反映河南省水产养殖病原菌耐药性状况。药敏试验中要提高操作过程的规范性、标准性，同时，继续使用标准菌株作为质控对照，增加实验的准确性和可靠性。

2023 年湖北省水产养殖动物主要病原菌
耐药性监测分析报告

卢伶俐　韩育章　高立方　李　依　赵忠涛　温周瑞

（湖北省水产科学研究所、湖北省鱼类病害防治及预测预报中心）

为了解掌握水产养殖主要病原菌对渔用抗菌药物的耐药性情况及其变化规律，指导科学使用渔用抗菌药物，提高细菌性病害防控成效，推动渔业绿色高质量发展，湖北地区重点从发病鲫中分离得到嗜水气单胞菌、维氏气单胞菌、简达气单胞菌等主要病原菌，并测定其对 8 种水产用抗菌药物的敏感性，具体结果如下。

一、材料与方法

1. 样品采集

2023 年 4—10 月，分别从黄冈、新洲、阳逻采集发病鱼或游动缓慢的鱼 10～20 尾，捕捞后用原池水装入高压聚乙烯袋，充氧后立即送回实验室。

2. 病原菌分离筛选

样品鱼用 75％的酒精棉球擦洗体表，无菌条件下打开腹腔。迅速用接种环取肝、脾、肾等组织后，在脑心浸液琼脂（BHIA）培养基上划线分离病原菌，28℃培养 16～24h，选取单个优势菌落纯化。

3. 病原菌鉴定及保存

纯化后的菌株送至武汉转导生物实验室有限公司分析鉴定并测序。菌株保存采用 BHIA 肉汤在适宜温度下增殖 16～20h 后，分装于 2mL 无菌离心管中，加灭菌甘油使其含量达 30％，然后冻存于－80℃超低温冰箱。

4. 标准菌株质控

质控菌株由上海海洋大学病原库共享。病原菌鉴定参考菌株副溶血弧菌 ATCC17802、嗜水气单胞菌 AS1.1801 活化 2 代后恢复活力，经分子生物学鉴定并进行测序。将测序所得的 16S rDNA 序列在 GenBank 数据库中利用 BLAST 功能进行同源性比对，鉴定结果确定为副溶血弧菌、嗜水气单胞菌。

耐药性测定质控菌株大肠埃希氏菌 ATCC25922 连续活化 2 代以恢复菌种活力，用标准质控菌株同步操作，作为对照保证药敏检测板质量，确保阳性对照中细菌有明显生长，阴性对照无菌生长，且 MIC 结果在标准范围内。

二、药敏测试结果

1. 病原菌分离鉴定总体情况

共分离到病原菌 77 株，其中维氏气单胞菌 45 株、嗜水气单胞菌 8 株、简达气单胞菌 8 株、未检出具体种类气单胞菌 4 株、希瓦氏菌 1 株、类志贺邻单胞菌 7 株、弧菌 3 株、葡萄球菌 1 株。

2. 病原菌对抗菌药物的耐药性分析

总体上，湖北三地鲫气单胞菌对甲砜霉素和磺胺间甲氧嘧啶钠的耐药率最高，分别为 10.3% 和 25.6%；2 种药物对菌株的 MIC_{90} 分别为 8μg/mL 和 1 024μg/mL。该菌对氟苯尼考、盐酸多西环素和磺胺甲噁唑/甲氧苄啶较为敏感，耐药率均为 2.6%、0、0；3 种药物对菌株的 MIC_{90} 分别为 1μg/mL、4μg/mL 和 2.4/0.125μg/mL。详见表 1。

表 1　气单胞菌耐药性监测总体情况（$n=39$）

单位：μg/mL

供试药物	MIC_{50}	MIC_{90}	耐药率	中介率	敏感率	耐药性判定参考值		
						耐药折点	中介折点	敏感折点
恩诺沙星	0.06	1	5.1%	7.7%	87.2%	≥4	1~2	≤0.5
氟苯尼考	0.25	1	2.6%	5.1%	92.3%	≥8	4	≤2
盐酸多西环素	0.5	4	0	5.1%	94.9%	≥16	8	≤4
磺胺间甲氧嘧啶钠	64	1 024	25.6%	/	74.4%	≥512	—	≤256
磺胺甲噁唑/甲氧苄啶	1.2/0.06	2.4/0.125	0	/	100%	≥76/4	—	≤38/2
硫酸新霉素	2	8	0	15.4%	84.6%	≥16	8	≤4
甲砜霉素	1	8	10.3%	/	89.7	≥16	—	≤8
氟甲喹	1	64	/	/	/	—	—	—

注："—"表示无折点。

3. 不同种类气单胞菌对水产用抗菌药物的敏感性

2023 年耐药性普查工作监测到的三种主要气单胞菌，剔除同源菌株后，取 27 株维氏气单胞菌、6 株嗜水气单胞菌和 6 株简达气单胞菌做药敏实验。

①维氏气单胞菌对抗菌药物的敏感性

8 种水产用抗菌药物对 27 株维氏气单胞菌的 MIC 分布见表 2 至表 7。恩诺沙星对所有菌株的 MIC 都分布在 4μg/mL 以下；盐酸多西环素对菌株的 MIC 分布集中在 0.5~8μg/mL；硫酸新霉素对菌株的 MIC 分布集中在 1~8μg/mL；氟甲喹对菌株的 MIC 分布在三个区间，对 10 株菌的 MIC 分布在 32~128μg/mL，对 13 株菌的 MIC 分布在 1~8μg/mL，对 4 株菌的 MIC 分布在 0.125μg/mL 及以下；甲砜霉素对菌株的 MIC 主要分布在两个区间，对 3 株菌的 MIC 分布在 64~128μg/mL，对 24 株菌的

MIC 分布在 $1\sim8\mu g/mL$；氟苯尼考对菌株的 MIC 主要分布在两个区间，对 2 株菌的 MIC 分布在 $4\mu g/mL$，对 25 株菌的 MIC 分布在 $0.5\mu g/mL$ 及以下；磺胺间甲氧嘧啶钠对所有菌株的 MIC 都分布在 $4\mu g/mL$ 及以上；磺胺甲噁唑/甲氧苄啶对所有菌株的 MIC 都分布在 $4.8/0.25\mu g/mL$ 及以下。

表 2　恩诺沙星对维氏气单胞菌的 MIC 频数分布（$n=27$）

供试药物	不同药物浓度（μg/mL）下的菌株数（株）											
	≥32	16	8	4	2	1	0.5	0.25	0.125	0.06	0.03	≤0.015
恩诺沙星			2	1	2	2	4	8	1	3	4	

表 3　盐酸多西环素对维氏气单胞菌的 MIC 频数分布（$n=27$）

供试药物	不同药物浓度（μg/mL）下的菌株数（株）											
	≥128	64	32	16	8	4	2	1	0.5	0.25	0.125	≤0.06
盐酸多西环素							2	3	3	4	15	

表 4　硫酸新霉素、氟甲喹对维氏气单胞菌的 MIC 频数分布（$n=27$）

供试药物	不同药物浓度（μg/mL）下的菌株数（株）											
	≥256	128	64	32	16	8	4	2	1	0.5	0.25	≤0.125
硫酸新霉素						5	8	11	3			
氟甲喹	3	4	3		2	1	2	6	2			4

表 5　甲砜霉素、氟苯尼考对维氏气单胞菌的 MIC 频数分布（$n=27$）

供试药物	不同药物浓度（μg/mL）下的菌株数（株）											
	≥512	256	128	64	32	16	8	4	2	1	0.5	≤0.25
甲砜霉素			1	2		1			12	11		
氟苯尼考								2			22	3

表 6　磺胺间甲氧嘧啶钠对维氏气单胞菌的 MIC 频数分布（$n=27$）

供试药物	不同药物浓度（μg/mL）下的菌株数（株）										
	≥1 024	512	256	128	64	32	16	8	4	2	≤1
磺胺间甲氧嘧啶钠	8	2	3	3	4	3	2	1	1		

表 7　磺胺甲噁唑/甲氧苄啶对维氏气单胞菌的 MIC 频数分布（$n=27$）

供试药物	不同药物浓度（μg/mL）下的菌株数（株）										
	≥1 216/64	≥608/32	304/16	152/8	76/4	38/2	19/1	9.5/0.5	4.8/0.25	2.4/0.12	≤1.2/0.06
磺胺甲噁唑/甲氧苄啶									2	7	18

②嗜水气单胞菌对抗菌药物的敏感性

8 种水产用抗菌药物对 6 株嗜水气单胞菌的 MIC 分布见表 8 至表 13。

表 8 恩诺沙星对嗜水气单胞菌的 MIC 频数分布 （$n=6$）

供试药物	不同药物浓度（μg/mL）下的菌株数（株）											
	≥32	16	8	4	2	1	0.5	0.25	0.125	0.06	0.03	≤0.015
恩诺沙星										2		4

表 9 盐酸多西环素对嗜水气单胞菌的 MIC 频数分布 （$n=6$）

供试药物	不同药物浓度（μg/mL）下的菌株数（株）											
	≥128	64	32	16	8	4	2	1	0.5	0.25	0.125	≤0.06
盐酸多西环素							1			5		

表 10 硫酸新霉素、氟甲喹对嗜水气单胞菌的 MIC 频数分布 （$n=6$）

供试药物	不同药物浓度（μg/mL）下的菌株数（株）											
	≥256	128	64	32	16	8	4	2	1	0.5	0.25	≤0.125
硫酸新霉素							2	4				
氟甲喹							1	1				4

表 11 甲砜霉素、氟苯尼考对嗜水气单胞菌的 MIC 频数分布 （$n=6$）

供试药物	不同药物浓度（μg/mL）下的菌株数（株）											
	≥512	256	128	64	32	16	8	4	2	1	0.5	≤0.25
甲砜霉素		1						1	4			
氟苯尼考						1				2	3	

表 12 磺胺间甲氧嘧啶钠对嗜水气单胞菌的 MIC 频数分布 （$n=6$）

供试药物	不同药物浓度（μg/mL）下的菌株数（株）										
	≥1 024	512	256	128	64	32	16	8	4	2	≤1
磺胺间甲氧嘧啶钠		1	1	3	1						

表 13 磺胺甲噁唑/甲氧苄啶对嗜水气单胞菌的 MIC 频数分布 （$n=6$）

供试药物	不同药物浓度（μg/mL）下的菌株数（株）										
	≥1 216/64	≥608/32	304/16	152/8	76/4	38/2	19/1	9.5/0.5	4.8/0.25	2.4/0.12	≤1.2/0.06
磺胺甲噁唑/甲氧苄啶										1	5

③简达气单胞菌对抗菌药物的敏感性

8 种水产用抗菌药物对 6 株简达气单胞菌的 MIC 分布见表 14 至表 19。

表 14 恩诺沙星对简达气单胞菌的 MIC 频数分布（$n=6$）

供试药物	不同药物浓度（μg/mL）下的菌株数（株）											
	≥32	16	8	4	2	1	0.5	0.25	0.125	0.06	0.03	≤0.015
恩诺沙星										1		5

表 15 盐酸多西环素对简达气单胞菌的 MIC 频数分布（$n=6$）

供试药物	不同药物浓度（μg/mL）下的菌株数（株）											
	≥128	64	32	16	8	4	2	1	0.5	0.25	0.125	≤0.06
盐酸多西环素									6			

表 16 硫酸新霉素、氟甲喹对简达气单胞菌的 MIC 频数分布（$n=6$）

供试药物	不同药物浓度（μg/mL）下的菌株数（株）											
	≥256	128	64	32	16	8	4	2	1	0.5	0.25	≤0.125
硫酸新霉素						1	3	2				
氟甲喹										1	2	3

表 17 甲砜霉素、氟苯尼考对简达气单胞菌的 MIC 频数分布（$n=6$）

供试药物	不同药物浓度（μg/mL）下的菌株数（株）											
	≥512	256	128	64	32	16	8	4	2	1	0.5	≤0.25
甲砜霉素									1	5		
氟苯尼考											6	

表 18 磺胺间甲氧嘧啶钠对简达气单胞菌的 MIC 频数分布（$n=6$）

供试药物	不同药物浓度（μg/mL）下的菌株数（株）										
	≥1 024	512	256	128	64	32	16	8	4	2	≤1
磺胺间甲氧嘧啶钠				2	2	1		1			

表 19 磺胺甲噁唑/甲氧苄啶对简达气单胞菌的 MIC 频数分布（$n=6$）

供试药物	不同药物浓度（μg/mL）下的菌株数（株）										
	≥1 216/64	≥608/32	304/16	152/8	76/4	38/2	19/1	9.5/0.5	4.8/0.25	2.4/0.12	≤1.2/0.06
磺胺甲噁唑/甲氧苄啶										1	5

4. 耐药性变化情况

比较水产用抗菌药物 2022 年、2023 年对水产养殖动物病原菌的 MIC_{50}、MIC_{90} 和菌株的耐药率，详见表 20。结果发现，2023 年恩诺沙星、磺胺间甲氧嘧啶钠的 MIC_{50}、MIC_{90} 及菌株耐药率较 2022 年均有所上升。氟苯尼考、磺胺甲噁唑/甲氧苄啶

的 MIC_{50}、MIC_{90} 及菌株耐药率较 2022 年均有所下降。盐酸多西环素、硫酸新霉素 MIC_{50}、MIC_{90} 较 2022 年都有上升，但其菌株耐药率较 2022 年均有下降，2023 年气单胞菌对两种抗生素均非常敏感。甲砜霉素 MIC_{50}、MIC_{90} 较 2022 年都有下降，但其菌株耐药率较 2022 年却有所上升。

表 20　2022—2023 年水产用抗菌药物对气单胞菌的 MIC_{50}、MIC_{90} 及菌株耐药率

供试药物	MIC_{50}（μg/mL）		MIC_{90}（μg/mL）		耐药率（%）	
	2022 年	2023 年	2022 年	2023 年	2022 年	2023 年
恩诺沙星	0.007	0.06	0.34	1	2.7	5.1
氟苯尼考	1.07	0.25	4.4	1	2.7	2.6
盐酸多西环素	0.25	0.5	1.1	4	2.7	0
磺胺间甲氧嘧啶钠	12.57	64	125.66	1 024	10.8	25.6
磺胺甲噁唑/甲氧苄啶	8.05/0.42	1.2/0.06	121.5/6.4	2.4/0.125	27	0
硫酸新霉素	0.59	2	2.67	8	2.7	0
甲砜霉素	2.14	1	12.53	8	5.4	10.3
氟甲喹	0.03	1	2.15	64	—	—

三、分析与建议

连续监测发现，同种病原菌的不同菌株对抗菌药物的敏感性均有差异，对于不同养殖场分离到的气单胞菌，水产用抗菌药物的 MIC 分布特征具有相似性。

为加强水产养殖动物主要病原菌耐药性监测，湖北省后期准备增加鳜、大口黑鲈、鳖等养殖品种的耐药性监测，且采样范围尽可能覆盖各养殖阶段，以便更全面地了解水产养殖动物病原菌耐药性状况。

2023 年广东省水产养殖动物主要病原菌耐药性监测分析报告

唐　姝　林华剑　马亚洲　张　志　张远龙

（广东省动物疫病预防控制中心）

为指导生产一线科学使用渔用抗菌药物，提高防控细菌性病害成效，降低药物用量，2023 年 3—9 月，从广东省水产养殖动物体内分离到气单胞菌及链球菌菌株 91 株，测定了它们对 8 种渔用抗菌药物的敏感性。具体情况报告如下。

一、材料与方法

1. 样品采集

2023 年 3—9 月，从广东省佛山、阳江、肇庆和广州等地区的养殖场采集黄颡鱼、乌鳢、大口黑鲈、卵形鲳鲹和石斑鱼等品种，用于病原菌的分离。

2. 病原菌分离筛选

将鱼解剖后，取其肝脏、脾脏、肾脏及脑 4 种组织样品，进行平板划线接种，28℃培养 24～48h，挑取优势菌落作进一步纯化培养。

3. 病原菌鉴定及保存

提取纯化细菌的核酸，使用细菌通用引物扩增其 16S rRNA 基因，测序比对，确定属种。纯化后的细菌用 25％甘油保种，存放于－80℃冰箱中。

二、药敏测试结果

1. 病原菌分离鉴定总体情况

共分离纯化出 322 株病原菌，进行 16S rRNA 测序鉴定后，选取 43 株气单胞菌、33 株链球菌和 15 株弧菌（表 1）进行药敏实验。

表 1　91 株病原菌来源

菌种名		采集地区	菌株数（株）	分离品种
气单胞菌属	豚鼠气单胞菌	佛山	1	乌鳢
		肇庆	2	草鱼
	嗜水气单胞菌	佛山	3	黄颡鱼、尖塘鳢
	舒伯特气单胞菌	佛山	12	乌鳢

(续)

菌种名		采集地区	菌株数（株）	分离品种
气单胞菌属	维氏气单胞菌	佛山	20	黄颡鱼、乌鳢、大口黑鲈
		肇庆	3	罗氏沼虾、草鱼
		中山	2	乌鳢
链球菌属	无乳链球菌	佛山	14	乌鳢、尖塘鳢、黄颡鱼
	海豚链球菌	肇庆	4	黄颡鱼
		番禺	4	黄颡鱼
		佛山	11	黄颡鱼
弧菌属	霍乱弧菌	佛山	1	黄颡鱼
		肇庆	1	罗氏沼虾
	地中海弧菌	阳江	1	石斑鱼
	副溶血弧菌	阳江	2	尖吻鲈、卵形鲳鲹
	黑海弧菌	阳江	1	石斑鱼
	罗尼氏弧菌	阳江	1	石斑鱼
	创伤弧菌	阳江	6	石斑鱼、卵形鲳鲹
	溶藻弧菌	阳江	2	石斑鱼、金钱鱼

2. 病原菌对不同抗菌药物的耐药性分析

（1）气单胞菌对渔用抗菌药物的耐药性

8 种渔用抗菌药物对 43 株气单胞菌（包括 3 株豚鼠气单胞菌、3 株嗜水气单胞菌、12 株舒伯特气单胞菌和 25 株维氏气单胞菌）的 MIC 频数分布如表 2 至表 8 所示。

（2）链球菌对渔用抗菌药物的耐药性

8 种渔用抗菌药物对 33 株链球菌（包括 14 株无乳链球菌和 19 株海豚链球菌）的 MIC 频数分布如表 9 至表 15 所示。

（3）弧菌对渔用抗菌药物的耐药性

8 种渔用抗菌药物对 15 株弧菌（包括 6 株创伤弧菌、2 株霍乱弧菌、2 株副溶血弧菌、2 株溶藻弧菌和地中海弧菌、黑海弧菌、罗尼氏弧菌各 1 株）的 MIC 频数分布如表 16 至表 22 所示。

表 2　气单胞菌耐药性监测总体情况（$n=43$）

单位：μg/mL

供试药物	MIC_{50}	MIC_{90}	耐药率	中介率	敏感率	耐药性判定参考值		
						耐药折点	中介折点	敏感折点
恩诺沙星	1	>32	37.21%	13.95%	48.84%	≥4	1~2	≤0.5
硫酸新霉素	2	8	9.30%	13.95%	76.75%	≥16	8	≤4

（续）

供试药物	MIC$_{50}$	MIC$_{90}$	耐药率	中介率	敏感率	耐药折点	中介折点	敏感折点
甲砜霉素	128	>512	58.14%	/	41.86%	≥16	—	≤8
氟苯尼考	32	128	53.49%	0	46.51%	≥8	4	≤2
盐酸多西环素	4	16	20.93%	18.60%	60.47%	≥16	8	≤4
氟甲喹	64	>256	/	/	/	—		—
磺胺间甲氧嘧啶钠	>1 024	>1 024	93.02%		6.98%	≥512	—	≤256
磺胺甲噁唑/甲氧苄啶	>1 216/64	>1 216/64	67.44%	/	32.56%	≥76/4	—	≤38/2

注："—"表示无折点。

表 3　恩诺沙星对气单胞菌的 MIC 频数分布（$n=43$）

供试药物	不同药物浓度（μg/mL）下的菌株数（株）											
	≥32	16	8	4	2	1	0.5	0.25	0.125	0.06	0.03	≤0.015
恩诺沙星	5	1	4	6	2	4	9	4	2	2	1	3

表 4　盐酸多西环素对气单胞菌的 MIC 频数分布（$n=43$）

供试药物	不同药物浓度（μg/mL）下的菌株数（株）											
	≥128	64	32	16	8	4	2	1	0.5	0.25	0.125	≤0.06
盐酸多西环素	0	1	1	7	8	7	6	2	4	7	0	0

表 5　硫酸新霉素、氟甲喹对气单胞菌的 MIC 频数分布（$n=43$）

供试药物	不同药物浓度（μg/mL）下的菌株数（株）											
	≥256	128	64	32	16	8	4	2	1	0.5	0.25	≤0.125
硫酸新霉素	0	0	2	0	2	6	5	14	4	8	0	2
氟甲喹	12	9	5	4	1	1	5	3	3	0	0	0

表 6　甲砜霉素、氟苯尼考对气单胞菌的 MIC 频数分布（$n=43$）

供试药物	不同药物浓度（μg/mL）下的菌株数（株）											
	≥512	256	128	64	32	16	8	4	2	1	0.5	≤0.25
甲砜霉素	20	1	1	2	1	0	2	0	10	5	1	0
氟苯尼考	2	1	3	12	4	0	1	0	4	1	14	1

表 7　磺胺间甲氧嘧啶钠对气单胞菌的 MIC 频数分布（$n=43$）

供试药物	不同药物浓度（μg/mL）下的菌株数（株）										
	≥1 024	512	256	128	64	32	16	8	4	2	≤1
磺胺间甲氧嘧啶钠	37	3	0	0	0	0	0	0	0	0	3

表 8　磺胺甲噁唑/甲氧苄啶对气单胞菌的 MIC 频数分布 （$n=43$）

供试药物	不同药物浓度 （µg/mL） 下的菌株数 （株）										
	≥1 216/64	608/32	304/16	152/8	76/4	38/2	19/1	9.5/0.5	4.8/0.25	2.4/0.125	≤1.2/0.06
磺胺甲噁唑/甲氧苄啶	27	0	0	0	2	1	0	0	1	9	3

表 9　链球菌耐药性监测总体情况 （$n=33$）

单位：µg/mL

供试药物	MIC_{50}	MIC_{90}	耐药率	中介率	敏感率	耐药性判定参考值		
						耐药折点	中介折点	敏感折点
恩诺沙星	0.25	16				—	—	—
硫酸新霉素	16	>256				—	—	—
甲砜霉素	4	8				—	—	—
氟苯尼考	2	4				—	—	—
盐酸多西环素	0.25	2	12.12%		87.88%	≥2	—	≤1
氟甲喹	>256	>256				—	—	—
磺胺间甲氧嘧啶钠	>1 024	>1 024				—	—	—
磺胺甲噁唑/甲氧苄啶	4.8/0.25	76/4	30.30%		69.70%	≥38/2	—	≤19/1

注："—"表示无折点。

表 10　恩诺沙星对链球菌的 MIC 频数分布 （$n=33$）

供试药物	不同药物浓度 （µg/mL） 下的菌株数 （株）											
	≥32	16	8	4	2	1	0.5	0.25	0.125	0.06	0.03	≤0.015
恩诺沙星	3	1	0	1	0	1	10	10	7	0	0	0

表 11　盐酸多西环素对链球菌的 MIC 频数分布 （$n=33$）

供试药物	不同药物浓度 （µg/mL） 下的菌株数 （株）											
	≥128	64	32	16	8	4	2	1	0.5	0.25	0.125	≤0.06
盐酸多西环素	0	0	0	3	0	0	1	0	3	24	1	1

表 12　硫酸新霉素、氟甲喹对链球菌的 MIC 频数分布 （$n=33$）

供试药物	不同药物浓度 （µg/mL） 下的菌株数 （株）											
	≥256	128	64	32	16	8	4	2	1	0.5	0.25	≤0.125
硫酸新霉素	7	5	1	0	9	11	0	0	0	0	0	0
氟甲喹	32	0	0	1	0	0	0	0	0	0	0	0

表 13　甲砜霉素、氟苯尼考对链球菌的 MIC 频数分布（$n=33$）

供试药物	不同药物浓度（μg/mL）下的菌株数（株）											
	≥512	256	128	64	32	16	8	4	2	1	0.5	≤0.25
甲砜霉素	1	0	0	0	1	0	11	19	1	0	0	0
氟苯尼考	0	0	0	0	1	0	0	7	24	0	1	0

表 14　磺胺间甲氧嘧啶钠对链球菌的 MIC 频数分布（$n=33$）

供试药物	不同药物浓度（μg/mL）下的菌株数（株）										
	≥1 024	512	256	128	64	32	16	8	4	2	≤1
磺胺间甲氧嘧啶钠	26	5	0	2	0	0	0	0	0	0	0

表 15　磺胺甲噁唑/甲氧苄啶对链球菌的 MIC 频数分布（$n=33$）

供试药物	不同药物浓度（μg/mL）下的菌株数（株）										
	≥1 216/64	608/32	304/16	152/8	76/4	38/2	19/1	9.5/0.5	4.8/0.25	2.4/0.125	≤1.2/0.06
磺胺甲噁唑/甲氧苄啶	0	0	0	0	8	2	1	2	6	4	10

表 16　弧菌耐药性监测总体情况（$n=15$）

单位：μg/mL

供试药物	MIC_{50}	MIC_{90}	耐药率	中介率	敏感率	耐药性判定参考值		
						耐药折点	中介折点	敏感折点
恩诺沙星	0.06	0.06	0	0	100%	≥4	1~2	≤0.5
硫酸新霉素	2	4	0	0	100%	≥16	8	≤4
甲砜霉素	2	8	6.67%	/	93.33%	≥16	—	≤8
氟苯尼考	1	1	6.67%	0	93.33%	≥8	4	≤2
盐酸多西环素	0.25	4	0	0	100%	≥16	8	≤4
氟甲喹	0.25	0.5	/	/	/	—	—	—
磺胺间甲氧嘧啶钠	512	>1 024	60%	/	40%	≥512	—	≤256
磺胺甲噁唑/甲氧苄啶	≤1.2/0.06	38/2	6.67%	/	93.33%	≥76/4	—	≤38/2

注："—"表示无折点。

表 17　恩诺沙星对弧菌的 MIC 频数分布（$n=15$）

供试药物	不同药物浓度（μg/mL）下的菌株数（株）											
	≥32	16	8	4	2	1	0.5	0.25	0.125	0.06	0.03	≤0.015
恩诺沙星	0	0	0	0	0	0	0	0	1	8	5	1

表 18　盐酸多西环素对弧菌的 MIC 频数分布（$n=15$）

供试药物	不同药物浓度（μg/mL）下的菌株数（株）											
	≥128	64	32	16	8	4	2	1	0.5	0.25	0.125	≤0.06
盐酸多西环素	0	0	0	0	0	2	0	0	3	9	1	0

表 19 硫酸新霉素、氟甲喹对弧菌的 MIC 频数分布（$n=15$）

供试药物	不同药物浓度（μg/mL）下的菌株数（株）											
	≥256	128	64	32	16	8	4	2	1	0.5	0.25	≤0.125
硫酸新霉素	0	0	0	0	0	0	3	8	3	1	0	0
氟甲喹	0	0	0	0	0	1	1	0	1	4	5	3

表 20 甲砜霉素、氟苯尼考对弧菌的 MIC 频数分布（$n=15$）

供试药物	不同药物浓度（μg/mL）下的菌株数（株）											
	≥512	256	128	64	32	16	8	4	2	1	0.5	≤0.25
甲砜霉素	0	0	0	0	1	0	2	2	10	0	0	0
氟苯尼考	0	0	0	0	0	1	0	0	10	3	1	

表 21 磺胺间甲氧嘧啶钠对弧菌的 MIC 频数分布（$n=15$）

供试药物	不同药物浓度（μg/mL）下的菌株数（株）										
	≥1 024	512	256	128	64	32	16	8	4	2	≤1
磺胺间甲氧嘧啶钠	6	3	1	3	0	0	0	0	1	1	0

表 22 磺胺甲噁唑/甲氧苄啶对弧菌的 MIC 频数分布（$n=15$）

供试药物	不同药物浓度（μg/mL）下的菌株数（株）										
	≥1 216/64	608/32	304/16	152/8	76/4	38/2	19/1	9.5/0.5	4.8/0.25	2.4/0.125	≤1.2/0.06
磺胺甲噁唑/甲氧苄啶	1	0	0	0	0	2	0	0	1	2	9

（4）不同时间分离的病原菌对渔用抗菌药物的耐药性

比较 8 种渔用抗菌药物对 3—9 月分离的 91 株链球菌、气单胞菌和弧菌三种致病菌的 MIC_{50}/MIC_{90}（表 23）发现，8 种渔用抗菌药物中，氟甲喹、磺胺间甲氧嘧啶钠、磺胺甲噁唑/甲氧苄啶 3 种药物对不同月份分离的病原菌的 MIC_{50}、MIC_{90} 基本相同，恩诺沙星、氟苯尼考、盐酸多西环素对不同月份分离的病原菌的 MIC_{50}、MIC_{90} 随着月份变化而逐渐升高，硫酸新霉素与甲砜霉素对病原菌 MIC_{50}、MIC_{90} 随着月份变化呈现先降低后升高的情况。

（5）不同品种分离的病原菌对渔用抗菌药物的耐药性

8 种渔用抗菌药物对不同品种分离出来的致病菌的 MIC_{50}、MIC_{90} 如表 24 所示。由表可知，8 种渔用抗菌药物对石斑鱼中分离出来的病原菌的 MIC_{50}、MIC_{90} 最低，然后是黄颡鱼、大口黑鲈、乌鳢和尖塘鳢。从海水鱼中分离出的致病菌耐药性明显低于从淡水鱼中分离出的致病菌。

表 23　8 种渔用抗菌药物对不同月份分离的病原菌的 MIC$_{50}$、MIC$_{90}$

单位：µg/mL

供试药物	3月		4月		5月		6月		7月		8月		9月	
	MIC$_{50}$	MIC$_{90}$	MIC$_{50}$	MIC$_{90}$	MIC$_{50}$	MIC$_{90}$	MIC$_{50}$	MIC$_{90}$	MIC$_{50}$	MIC$_{90}$	MIC$_{50}$	MIC$_{90}$	MIC$_{50}$	MIC$_{90}$
恩诺沙星	0.25	0.5	0.25	4	0.25	4	0.125	8	0.06	0.5	0.5	2	1	>32
硫酸新霉素	16	16	8	8	4	16	2	4	0.5	2	2	2	256	>256
甲砜霉素	8	8	4	>512	4	>512	2	>512	4	64	4	>512	8	>512
氟苯尼考	2	2	2	64	2	>512	1	128	0.5	8	4	64	4	256
盐酸多西环素	0.25	0.5	0.25	2	0.25	8	0.5	4	0.25	8	8	16	2	16
氟甲喹	>256	>256	>256	>256	256	>256	4	>256	16	>256	4	>256	>256	>256
磺胺间甲氧嘧啶钠	>1 024	>1 024	512	>1 024	>1 024	>1 024	>1 024	>1 024	>1 024	>1 024	>1 024	>1 024	>1 024	>1 024
磺胺甲噁唑/甲氧苄啶	9.5/0.5	19/1	≤1.2/0.06	>1 216/64	4.8/0.25	>1 216/64	2.4/0.125	>1 216/64	38/4	>1 216/64	76/4	>1 216/64	76/4	>1 216/64

表 24　8 种渔用抗菌药物对不同品种分离的致病菌的 MIC$_{50}$、MIC$_{90}$

单位：µg/mL

供试药物	大口黑鲈		黄颡鱼		尖塘鳢		乌鳢		石斑鱼	
	MIC$_{50}$	MIC$_{90}$	MIC$_{50}$	MIC$_{90}$	MIC$_{50}$	MIC$_{90}$	MIC$_{50}$	MIC$_{90}$	MIC$_{50}$	MIC$_{90}$
恩诺沙星	8	16	0.25	>32	0.5	>32	0.5	>32	0.06	0.125
硫酸新霉素	2	16	8	16	>256	>256	2	128	2	4
甲砜霉素	32	>512	4	64	8	>512	64	>512	2	8
氟苯尼考	1	128	2	32	4	512	2	128	1	1
盐酸多西环素	1	16	0.25	16	0.5	16	4	16	0.25	4
氟甲喹	128	>256	>256	>256	>256	>256	64	>256	0.25	8
磺胺间甲氧嘧啶钠	>1 024	>1 024	>1 024	>1 024	>1 024	>1 024	>1 024	>1 024	256	>1 024
磺胺甲噁唑/甲氧苄啶	2.4/0.125	>1 216/64	4.8/0.25	>1 216/64	76/4	>1 216/64	>1 216/64	>1 216/64	≤1.2/0.06	38/2

3. 耐药性变化情况

2019—2023 年 8 种渔用抗菌药物对气单胞菌和链球菌的 MIC_{90} 有一定的变化（图 1 至图 4）。除了盐酸多西环素对气单胞菌的 MIC_{90} 呈先上升后下降的趋势外，其余 7 种渔用抗菌药物对气单胞菌的 MIC_{90} 呈现逐年上升趋势。氟苯尼考、盐酸多西环素、硫酸新霉素和氟甲喹 4 种渔用抗菌药物对链球菌的 MIC_{90} 逐年上升；恩诺沙星和磺胺间甲氧嘧啶钠对链球菌的 MIC_{90} 在 2020 年降低之后又逐步上升；甲砜霉素和磺胺甲噁唑/甲氧苄啶对链球菌的 MIC_{90} 相比于 2022 年有所降低，呈现先升高后降低的趋势。

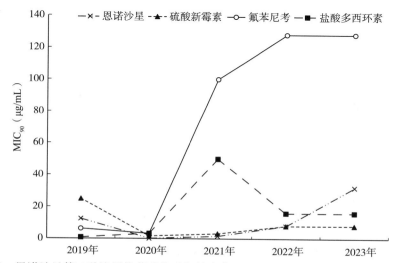

图 1　恩诺沙星等 4 种渔用抗菌药物对气单胞菌的 MIC_{90} 年度变化（2019—2023 年）

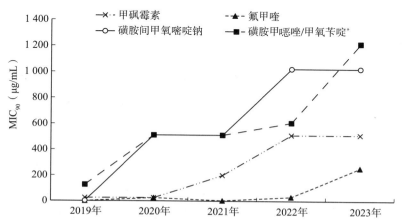

图 2　甲砜霉素等 4 种渔用抗菌药物对气单胞菌的 MIC_{90} 年度变化（2019—2023 年）

（＊：图中仅以磺胺甲噁唑浓度表示 MIC_{90} 变化情况）

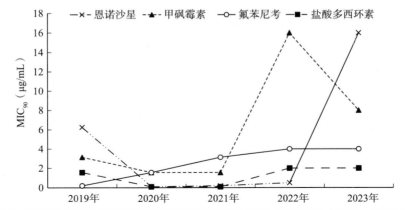

图 3　恩诺沙星等 4 种渔用抗菌药物对链球菌的 MIC_{90} 年度变化（2019—2023 年）

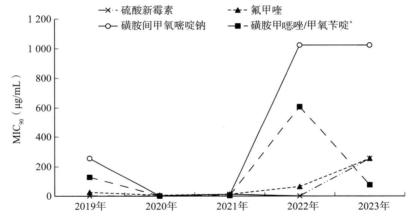

图 4　硫酸新霉素等 4 种渔用抗菌药物对链球菌的 MIC_{90} 年度变化（2019—2023 年）

（＊：图中仅以磺胺甲噁唑浓度表示 MIC_{90} 变化情况）

三、分析与建议

从监测结果（图 5、图 6）看，在 2023 年从广东省 5 个地市分离的 43 株气单胞菌对 8 种渔用抗菌药物的耐药性中，对硫酸新霉素（敏感率 76.75％）和盐酸多西环素（敏感率 60.47％）敏感，对磺胺间甲氧嘧啶钠（耐药率 93.02％）、磺胺甲噁唑/甲氧苄啶（耐药率 67.44％）、甲砜霉素（耐药率 58.14％）和氟苯尼考（耐药率 53.49％）耐药。分离的 33 株链球菌对盐酸多西环素（敏感率 87.88％）和磺胺甲噁唑/甲氧苄啶（敏感率 69.70％）敏感。分离的 15 株弧菌除了对磺胺间甲氧嘧啶钠（耐药率 60％）耐药外，对其余 7 种抗菌药物均敏感，且对恩诺沙星、盐酸多西环素、硫酸新霉素的敏感率达到了 100％。

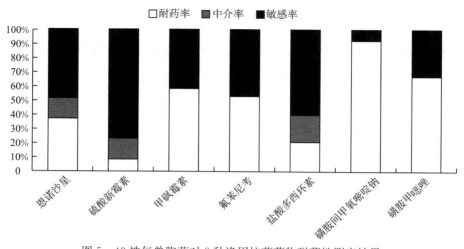

图 5　43 株气单胞菌对 8 种渔用抗菌药物耐药性测定结果

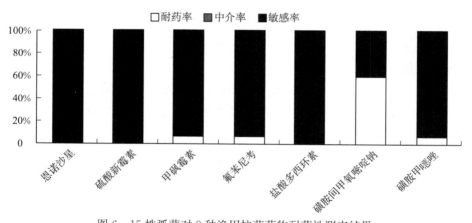

图 6　15 株弧菌对 8 种渔用抗菌药物耐药性测定结果

　　抗菌药物的使用，需结合相应的养殖品种及当地养殖情况具体分析，注意抗菌药物的科学用药，不乱用、滥用药物。致病菌耐药图谱的改变，通常是由乱用、滥用抗菌药物造成，大量抗菌药物的使用、滥用等也会导致耐药菌株的出现及增多。今后在使用抗菌药物的时候，应该注意控制用量和多种抗菌药物交替使用。

2023年广西壮族自治区水产养殖动物主要病原菌耐药性监测分析报告

施金谷[1]　韩书煜[1]　梁静真[2]　易　弋[3]　胡大胜[1]　乃华革[1]

（1. 广西壮族自治区水产技术推广站　2. 广西大学　3. 广西科技大学）

为了解掌握水产养殖主要病原菌对渔用抗菌药物的耐药性情况及其变化规律，指导科学使用渔用抗菌药物，提高细菌性病害防控成效，推动渔业绿色高质量发展，广西地区重点从罗非鱼、黄颡鱼等水产养殖品种中分离得到链球菌，并测定其对8种渔用抗菌药物的敏感性，具体结果如下。

一、材料与方法

1. 样品采集

2023年2—10月，在养殖鱼发病时及时采集样品。样品采集方式为取不少于3尾、具有典型症状的鱼和原池水装入高压聚乙烯袋，加冰块立即运至实验室。

2. 病原菌分离筛选

选取有典型病征的鱼进行解剖，在无菌条件下选取肝、脑、肾等病灶部位划线接种于添加5.0％马血清的BHI培养基上，分离致病菌。35℃培养16～24h，取优势菌落进行细菌分离、纯化。

3. 病原菌鉴定及保存

采用梅里埃生化鉴定仪以及分子生物学（PCR）方法对已纯化的菌株进行细菌属种鉴定。菌株保存采用脑心浸液肉汤培养基在35℃增殖18h后，分装于2 mL冻存管中，加灭菌甘油使其含量达30％，然后将冻存管置于－80℃超低温冰箱保存。

二、药敏测试结果

1. 病原菌分离鉴定总体情况

受试菌株采集情况详见表1。30株链球菌受试菌来自14家养殖场，共采集黄颡鱼21尾、罗非鱼69尾。

表1　广西水产养殖动物耐药普查链球菌采集情况

采样时间	养殖场（家）	鱼种类	鱼数量（尾）	菌株数量（株）
20230203	2	黄颡鱼	9	3
20230507	1	黄颡鱼	6	2

（续）

采样时间	养殖场（家）	鱼种类	鱼数量（尾）	菌株数量（株）
20230706	1	罗非鱼	9	3
20230707	1	罗非鱼	9	3
20230713	1	罗非鱼	9	3
20230725	2	罗非鱼	6	2
20230801	1	罗非鱼	6	2
20230828	1	黄颡鱼	6	2
20230909	1	罗非鱼	9	3
20230923	1	罗非鱼	3	1
20231005	1	罗非鱼	9	3
20231008	1	罗非鱼	9	3

从玉林市玉州区、北海市合浦县、柳州市柳北区和柳城县、河池市宜州区等地养殖场分离并鉴定到 23 株罗非鱼源无乳链球菌、7 株黄颡鱼源海豚链球菌。受试菌的菌株编号、采样时间、采用地点、分离鱼种类及部位等来源信息见表 2。

表 2　30 株链球菌菌株来源

菌株编号	链球菌种类	采样地点	采样时间	分离鱼种类及部位
GHCA20230203YL	海豚链球菌	合浦县	20230203	黄颡鱼肝
GHCB20230203YL	海豚链球菌	合浦县	20230203	黄颡鱼肝
GHSA20230203YL	海豚链球菌	合浦县	20230203	黄颡鱼肝
GHCA20230507YK	海豚链球菌	合浦县	20230507	黄颡鱼肾
GHCB20230507YK	海豚链球菌	合浦县	20230507	黄颡鱼肾
GHHA20230706TL	无乳链球菌	合浦县	20230706	罗非鱼肝
GHHB20230706TK	无乳链球菌	合浦县	20230706	罗非鱼肾
GHHC20230706TL	无乳链球菌	合浦县	20230706	罗非鱼肝
GHGA20230707TL	无乳链球菌	合浦县	20230707	罗非鱼肝
GHGB20230707TL	无乳链球菌	合浦县	20230707	罗非鱼肝
GHGC20230707TK	无乳链球菌	合浦县	20230707	罗非鱼肾
GHZA20230713TL	无乳链球菌	合浦县	20230713	罗非鱼肝
GHZB20230713TK	无乳链球菌	合浦县	20230713	罗非鱼肾
GHZC20230713TB	无乳链球菌	合浦县	20230713	罗非鱼心
GHN20230725TL	无乳链球菌	玉州区	20230725	罗非鱼肝
GLHA20230725TL	无乳链球菌	柳北区	20230725	罗非鱼肝
GYHB20230801TL	无乳链球菌	宜州区	20230801	罗非鱼肝
GLHA20230801TL	无乳链球菌	柳城县	20230801	罗非鱼肝
GYLA20230828YL	海豚链球菌	玉州区	20230828	黄颡鱼肝
GYLB20230828YL	海豚链球菌	玉州区	20230828	黄颡鱼肝
GHWA20230909TL	无乳链球菌	合浦县	20230909	罗非鱼肝

（续）

菌株编号	链球菌种类	采样地点	采样时间	分离鱼种类及部位
GHWB20230909TL	无乳链球菌	合浦县	20230909	罗非鱼肝
GHWC20230909TK	无乳链球菌	合浦县	20230909	罗非鱼肾
GHM20230923TL	无乳链球菌	合浦县	20230923	罗非鱼肝
GHPA20231005TL	无乳链球菌	合浦县	20231005	罗非鱼肝
GHPB20231005TK	无乳链球菌	合浦县	20231005	罗非鱼肾
GHPC20231005TL	无乳链球菌	合浦县	20231005	罗非鱼肝
GHCA20231008TL	无乳链球菌	合浦县	20231008	罗非鱼肝
GHCB20231008TK	无乳链球菌	合浦县	20231008	罗非鱼肾
GHCC20231008TK	无乳链球菌	合浦县	20231008	罗非鱼肾

2. 病原菌对不同抗菌药物的耐药性分析

8 种渔用抗菌药物对 30 株链球菌的最小抑菌浓度详见表 3。

表 3 8 种渔用抗菌药物对 30 株链球菌的 MIC

单位：$\mu g/mL$

菌株原始编号	恩诺沙星	硫酸新霉素	甲砜霉素	氟苯尼考	盐酸多西环素	氟甲喹	磺胺间甲氧嘧啶钠	磺胺甲噁唑/甲氧苄啶
GHCA20230203YL	0.5	8	4	2	0.5	128	128	≤1.2/0.06
GHCB20230203YL	0.25	4	4	2	0.25	128	32	≤1.2/0.06
GHSA20230203YL	0.5	8	4	2	0.5	256	32	2.4/0.12
GHCA20230507YK	0.25	4	2	1	0.5	128	64	≤1.2/0.06
GHCB20230507YK	0.25	8	4	2	0.5	256	16	≤1.2/0.06
GHHA20230706TL	0.5	128	4	2	0.5	128	16	2.4/0.12
GHHB20230706TK	0.5	64	4	2	0.5	128	128	≤1.2/0.06
GHHC20230706TL	0.25	64	4	2	0.25	128	32	≤1.2/0.06
GHGA20230707TL	0.25	128	4	2	0.5	128	64	≤1.2/0.06
GHGB20230707TL	0.5	64	4	2	0.25	128	16	≤1.2/0.06
GHGC20230707TK	0.25	64	4	≤0.25	≤0.06	128	≤1	≤1.2/0.06
GHZA20230713TL	0.25	128	4	4	0.25	128	64	≤1.2/0.06
GHZB20230713TK	0.5	128	4	2	0.25	128	32	2.4/0.12
GHZC20230713TB	0.5	128	4	2	0.5	128	64	≤1.2/0.06
GHN20230725TL	0.5	32	1	4	≤0.06	16	128	≤1.2/0.06
GLHA20230725TL	0.25	64	4	2	0.25	128	128	≤1.2/0.06
GYHB20230801TL	0.5	64	4	2	0.25	128	8	≤1.2/0.06
GLHA20230801TL	0.25	64	4	2	0.25	128	32	2.4/0.12
GYLA20230828YL	0.5	8	4	2	0.5	256	256	≤1.2/0.06
GYLB20230828YL	0.25	8	4	2	0.5	256	512	≤1.2/0.06
GHWA20230909TL	0.06	64	4	2	0.25	256	64	≤1.2/0.06
GHWB20230909TL	0.5	64	4	2	0.5	256	64	2.4/0.12

（续）

菌株原始编号	恩诺沙星	硫酸新霉素	甲砜霉素	氟苯尼考	盐酸多西环素	氟甲喹	磺胺间甲氧嘧啶钠	磺胺甲噁唑/甲氧苄啶
GHWC20230909TK	0.25	64	4	2	0.25	128	64	≤1.2/0.06
GHM20230923TL	1	32	2	4	≤0.06	16	128	≤1.2/0.06
GHPA20231005TL	0.5	64	4	2	0.25	128	32	≤1.2/0.06
GHPB20231005TK	0.5	128	4	2	0.125	128	16	≤1.2/0.06
GHPC20231005TL	0.5	64	4	2	0.5	128	128	≤1.2/0.06
GHCA20231008TL	0.25	64	4	2	0.25	128	16	≤1.2/0.06
GHCB20231008TK	0.5	64	4	2	0.25	128	32	≤1.2/0.06
GHCC20231008TK	0.25	64	4	2	0.25	128	16	≤1.2/0.06

参照美国临床实验室标准研究所（CLSI）标准，链球菌对渔用抗菌药物的敏感性及耐药性判定范围划分如下：盐酸多西环素（S 敏感：MIC≤1μg/mL，R 耐药：MIC≥2μg/mL），磺胺甲噁唑/甲氧苄啶（S 敏感：MIC≤19/1μg/mL，R 耐药：MIC≥38/2μg/mL）。其他药物暂无判定参考值。

表 4 结果显示，盐酸多西环素对 30 株链球菌的 MIC 均小于 1μg/mL，为敏感。磺胺甲噁唑/甲氧苄啶对 30 株链球菌的 MIC 均小于 19/1μg/mL，为敏感。

表 4 链球菌耐药性监测总体情况（$n=30$）

单位：μg/mL

供试药物	MIC$_{50}$（μg/mL）	MIC$_{90}$（μg/mL）	耐药率	中介率	敏感率	耐药性判定参考值		
						耐药折点	中介折点	敏感折点
恩诺沙星	0.25	0.48	/	/	/	—	—	—
氟苯尼考	1.33	2.52	/	/	/	—	—	—
盐酸多西环素	0.19	0.42	0	0	100%	≥2	—	≤1
磺胺间甲氧嘧啶钠	29.73	138.50	/	/	/	—	—	—
磺胺甲噁唑/甲氧苄啶	0.74/0.039	1.42/0.075	0	0	100%	≥38/2	—	≤19/1
硫酸新霉素	27.91	106.99	/	/	/	—	—	—
甲砜霉素	2.54	4.55	/	/	/	—	—	—
氟甲喹	86.49	201.91	/	/	/	—	—	—

注："—"表示无折点。

表 5 结果显示，恩诺沙星对 30 株链球菌的 MIC 范围为 0.06～1μg/mL。

表 5 恩诺沙星对链球菌的 MIC 频数分布（$n=30$）

供试药物	不同药物浓度（μg/mL）下的菌株数（株）											
	≥32	≥16	8	4	2	1	0.5	0.25	0.125	0.06	0.03	≤0.015
恩诺沙星						1	15	13	1			

表6结果显示，盐酸多西环素对30株链球菌的MIC范围为0.06~0.5μg/mL。

表6 盐酸多西环素对链球菌的MIC频数分布（$n=30$）

供试药物	不同药物浓度（μg/mL）下的菌株数（株）											
	128	64	32	16	8	4	2	1	0.5	0.25	0.125	≤0.06
盐酸多西环素									12	14	1	3

表7结果显示，硫酸新霉素对30株链球菌的MIC范围为4~128μg/mL，氟甲喹对30株链球菌的MIC范围为16~256μg/mL。

表7 硫酸新霉素、氟甲喹对链球菌的MIC频数分布（$n=30$）

供试药物	不同药物浓度（μg/mL）下的菌株数（株）											
	≥256	128	64	32	16	8	4	2	1	0.5	0.25	≤0.125
硫酸新霉素		6	15	2		5	2					
氟甲喹	6	22		2								

表8结果显示，甲砜霉素对30株链球菌的MIC范围为1~4μg/mL，氟苯尼考对30株链球菌的MIC范围为0.25~4μg/mL。

表8 甲砜霉素、氟苯尼考对链球菌的MIC频数分布（$n=30$）

供试药物	不同药物浓度（μg/mL）下的菌株数（株）											
	≥512	256	128	64	32	16	8	4	2	1	0.5	≤0.25
甲砜霉素								27	2	1		
氟苯尼考								3	25	1		1

表9结果显示，磺胺间甲氧嘧啶钠对30株链球菌的MIC范围为1~512μg/mL。

表9 磺胺间甲氧嘧啶钠对链球菌的MIC频数分布（$n=30$）

供试药物	不同药物浓度（μg/mL）下的菌株数（株）										
	≥1 024	512	256	128	64	32	16	8	4	2	≤1
磺胺间甲氧嘧啶钠		1	1	6	7	7	6	1			1

表10结果显示，磺胺甲噁唑/甲氧苄啶对30株链球菌的MIC范围为1.2/0.06~2.4/0.12μg/mL。

表10 磺胺甲噁唑/甲氧苄啶对链球菌的MIC频数分布（$n=30$）

供试药物	不同药物浓度（μg/mL）下的菌株数（株）										
	≥1 216/64	≥608/32	304/16	152/8	76/4	38/2	19/1	9.5/0.5	4.8/0.25	2.4/0.12	≤1.2/0.06
磺胺甲噁唑/甲氧苄啶										5	25

　　7 株黄颡鱼源海豚链球菌和 23 株罗非鱼源无乳链球菌对 8 种渔用抗菌药物的敏感程度具有一定的差异性。8 种渔用抗菌药物对 2 种链球菌的 MIC_{50} 和 MIC_{90} 如表 11 所示，可见 7 株黄颡鱼源海豚链球菌对盐酸多西环素、磺胺间甲氧嘧啶钠、氟甲喹的耐药程度明显高于 23 株罗非鱼源无乳链球菌；对磺胺甲噁唑/甲氧苄啶、硫酸新霉素的耐药程度则明显低于 23 株罗非鱼源无乳链球菌。2 种链球菌对恩诺沙星、氟苯尼考和甲砜霉素的敏感程度接近。

表 11　8 种渔用抗菌药物对 2 种链球菌的 MIC_{50} 和 MIC_{90}

单位：$\mu g/mL$

供试药物	MIC_{50}		MIC_{90}	
	无乳链球菌（$n=23$）	海豚链球菌（$n=7$）	无乳链球菌（$n=23$）	海豚链球菌（$n=7$）
恩诺沙星	0.25	0.25	0.50	0.48
氟苯尼考	1.36	1.27	2.74	2.20
盐酸多西环素	0.17	0.33	0.37	0.63
磺胺间甲氧嘧啶钠	24.27	55.99	104.92	230.32
磺胺甲噁唑/甲氧苄啶	1.54/0.081	0.70/0.037	2.42/0.13	1.36/0.072
硫酸新霉素	50.95	4.62	100.34	8.80
甲砜霉素	2.54	2.54	4.54	4.55
氟甲喹	76.61	129.19	179.58	298.58

3. 耐药性变化情况

　　2022—2023 年，8 种渔用抗菌药物对链球菌的 MIC_{50} 和 MIC_{90} 变化如图 1 和图 2 所示。2023 年，喹诺酮类恩诺沙星的 MIC_{50} 值和 MIC_{90} 值略有下降，另一种喹诺酮类氟甲喹的 MIC_{50} 值和 MIC_{90} 值显著上升；氟苯尼考的 MIC_{50} 值和 MIC_{90} 值下降；甲砜

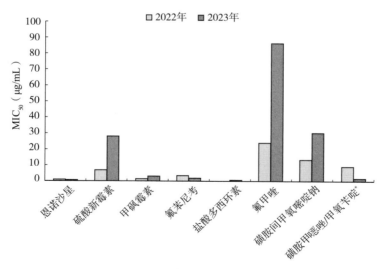

图 1　2022—2023 年 8 种渔用抗菌药物对广西分离链球菌的 MIC_{50}
（＊：图中仅以磺胺甲噁唑浓度表示 MIC_{50} 变化情况）

霉素的 MIC_{50} 值和 MIC_{90} 值较 2022 年增大；硫酸新霉素的 MIC_{50} 值和 MIC_{90} 值比 2022 年大幅上升；磺胺间甲氧嘧啶钠对链球菌的 MIC_{50} 值和 MIC_{90} 值较 2022 年上升；磺胺甲噁唑/甲氧苄啶对链球菌的 MIC_{50} 值和 MIC_{90} 值明显下降。

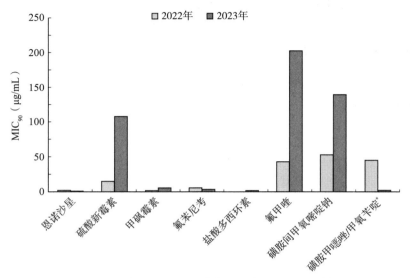

图 2　2022—2023 年 8 种渔用抗菌药物对广西分离链球菌的 MIC_{90}

（＊：图中仅以磺胺甲噁唑浓度表示 MIC_{90} 变化情况）

三、分析与建议

1. 建议继续加强耐药性监测的技术规范性

在 2023 年度耐药普查项目实施当中，严格按照复星诊断科技（上海）有限公司发布的《需氧菌药敏检测板使用说明书》，对药敏检测过程进行规范化处理，如在营养肉汤培养液中添加了 5.0% 的马血清、取 ATCC25922 大肠埃希氏菌作为质控菌株进行药敏试验等。药敏试验结果的准确度得到充分提高，因此建议继续加强耐药性监测的技术规范性。

2. 2023 年广西分离链球菌对 8 种渔用抗菌药物的敏感性

2023 年，30 株广西分离链球菌对 5 大类（喹诺酮类、四环素类、酰胺醇类、氨基糖苷类和磺胺类）8 种渔用抗菌药物（恩诺沙星、氟甲喹、盐酸多西环素、甲砜霉素、氟苯尼考、硫酸新霉素、磺胺间甲氧嘧啶钠和磺胺甲噁唑/甲氧苄啶）具有不同程度的敏感性。30 株广西分离链球菌对盐酸多西环素和磺胺甲噁唑/甲氧苄啶的敏感率均为 100.0%。

（1）喹诺酮类渔用抗菌药物

被监测的 2 种喹诺酮类渔用抗菌药物恩诺沙星和氟甲喹均为国标渔用抗菌药物。2023 年，氟甲喹的 MIC_{50} 值和 MIC_{90} 值（86.49μg/mL 和 201.91μg/mL）大于 2022

年（23.68μg/mL 和 42.44μg/mL），说明 2023 年广西分离链球菌对氟甲喹的耐药程度上升，具体原因尚需进一步的调查。2023 年，恩诺沙星的 MIC$_{50}$ 值和 MIC$_{90}$ 值（0.25μg/mL 和 0.48μg/mL）比 2022 年的 0.52μg/mL 和 0.94μg/mL 大幅降低，说明 2023 年广西地区链球菌对恩诺沙星敏感性提高。

（2）四环素类渔用抗菌药物

2023 年，盐酸多西环素的 MIC$_{50}$ 值和 MIC$_{90}$ 值分别为 0.19μg/mL 和 0.42μg/mL，大于 2022 年。30 株广西链球菌对盐酸多西环素敏感率为 100.0％，该敏感率与 2022 年的结果相同。

（3）酰胺醇类渔用抗菌药物

氟苯尼考和甲砜霉素为国标渔用抗菌药物。2023 年，氟苯尼考的 MIC$_{50}$ 值和 MIC$_{90}$ 值（1.33μg/mL 和 2.52μg/mL）比 2022 年（2.75μg/mL 和 4.96μg/mL）小，说明 2023 年广西分离链球菌对氟苯尼考敏感程度上升。甲砜霉素的 MIC$_{50}$ 值和 MIC$_{90}$ 值（2.54μg/mL 和 4.55μg/mL）比 2022 年（1.03μg/mL 和 1.8μg/mL）大，说明 2023 年广西分离链球菌对甲砜霉素耐药程度上升。

（4）氨基糖苷类渔用抗菌药物

硫酸新霉素是氨基糖苷类国标渔用抗菌药物。2023 年，硫酸新霉素的 MIC$_{50}$ 值和 MIC$_{90}$ 值（27.91μg/mL 和 106.99μg/mL）比 2022 年（6.44μg/mL 和 13.56μg/mL）明显升高，说明 2023 年广西分离链球菌对硫酸新霉素耐药程度上升。

（5）磺胺类渔用抗菌药物

磺胺类渔用抗菌药物包括磺胺间甲氧嘧啶钠和磺胺甲噁唑/甲氧苄啶。2023 年，广西分离链球菌的磺胺甲噁唑/甲氧苄啶敏感率为 100％，比 2022 年（83.3％）升高。磺胺间甲氧嘧啶钠的 MIC$_{50}$ 值和 MIC$_{90}$ 值（29.73μg/mL 和 138.50μg/mL）比 2022 年（13.32μg/mL 和 51.60μg/mL）大，说明 2023 年广西分离链球菌对磺胺间甲氧嘧啶钠耐药程度显著上升。磺胺甲噁唑/甲氧苄啶的 MIC$_{50}$ 值和 MIC$_{90}$ 值（0.74/0.022μg/mL 和 1.42/0.082μg/mL）比 2022 年（8.48/0.45μg/mL 和 43.32/2.28μg/mL）小，说明 2023 年广西分离链球菌对磺胺甲噁唑/甲氧苄啶耐药程度明显下降。根据药敏结果，100％的广西分离链球菌对磺胺甲噁唑/甲氧苄啶具有一定的敏感性。

3. 关于广西水产养殖链球菌病防控用药建议

精准用药是提高水产养殖细菌病防控效果的唯一途径。建议养殖户在对水产养殖品种链球菌病进行用药防治时注意：

（1）渔用抗菌药物的选用应以药敏结果为依据

从患病鱼分离致病菌并筛选敏感渔用抗菌药物进行治疗。

（2）不使用渔用抗菌药物作预防疾病用途

已有研究表明，当细菌长期与低浓度抗菌药物接触时容易被诱导产生耐药性。建议在水产养殖生产过程中不使用渔用抗菌药物作预防用途，发生病情时应基于药敏试验结果选择内服敏感渔用抗菌药物治疗，避免使用低浓度渔用抗菌药物或长期使用同种渔用抗菌药物，以免诱导细菌产生耐药性。

（3）提前进行药敏检测可起到监测和控制效果

罗非鱼和黄颡鱼暴发链球菌病的发展速度比较快，建议长期跟踪监测链球菌对各种抗菌药物的敏感性变化，掌握其变化规律和药物敏感性；尤其是在链球菌病流行季节之前提前进行药敏检测，以便在链球菌病暴发时能及时对症用药，避免耽误最佳治疗时机。

2023 年重庆市水产养殖动物主要病原菌耐药性监测分析报告

张利平　　廖雨华　　马龙强　　王　波

（重庆市水产技术推广总站）

为了解掌握水产养殖主要病原菌对渔用抗菌药物的耐药性情况及其变化规律，指导科学使用渔用抗菌药物，提高细菌性病害防控成效，推动渔业绿色高质量发展，重庆地区重点从草鱼、鲫、鲤和黄颡鱼养殖品种中分离得到维氏气单胞菌、嗜水气单胞菌等病原菌，并开展 8 种水产用抗菌药物的敏感性实验，具体结果如下。

一、材料与方法

1. 样品采集

2023 年 3—10 月，从重庆市多个地区养殖场每月采集一次草鱼、鲫、鲤和黄颡鱼等品种，用于病原菌分离。

2. 病原菌分离筛选

无病症时将鱼解剖后，取其肝脏、脾脏、肾脏和鳃 4 种组织样本，有病症时取病灶部位和肝脏、脾脏、肾脏、鳃。将样品的组织样本划线接种于血平板，28℃培育 24h，挑取具有 β 溶血圈的单菌落接种至 BHI 液体培养基中 28℃培养 24h。

3. 病原菌鉴定及保存

通过核酸提取试剂盒提取纯化细菌的核酸，使用细菌通用引物扩增其 16S rRNA，测序比对，确定属种。纯化后的细菌菌液以 1：1 的比例和无菌 50％甘油混合保种，存放于－80℃冰箱保存。

二、药敏测试结果

1. 病原菌分离鉴定总体情况

共分离到 150 株病原菌，进行 16S rRNA 测序鉴定后，选取 66 株维氏气单胞菌和 12 株嗜水气单胞菌进行药敏实验，详细数据见表 1 和表 2。

表 1　78 株病原菌来源

采集地区	菌种	菌株数
璧山区	维氏气单胞菌	2
	嗜水气单胞菌	1

（续）

采集地区	菌种	菌株数
大足区	维氏气单胞菌	8
	嗜水气单胞菌	1
涪陵区	维氏气单胞菌	4
	嗜水气单胞菌	1
开州区	维氏气单胞菌	18
	嗜水气单胞菌	3
潼南区	维氏气单胞菌	4
	嗜水气单胞菌	1
万州区	维氏气单胞菌	9
	嗜水气单胞菌	1
武隆区	维氏气单胞菌	7
	嗜水气单胞菌	1
云阳县	维氏气单胞菌	14
	嗜水气单胞菌	3

表 2 气单胞菌耐药性监测总体情况（$n=78$）

单位：$\mu g/mL$

供试药物	MIC_{50}	MIC_{90}	耐药率	中介率	敏感率	耐药性判定参考值		
						耐药折点	中介折点	敏感折点
恩诺沙星	0.06	0.25	3.85%	3.85%	92.31%	≥4	1～2	≤0.5
氟苯尼考	0.5	1	7.69%	0	92.31%	≥8	4	≤2
盐酸多西环素	0.25	2	2.56%	0	97.44%	≥16	8	≤4
磺胺间甲氧嘧啶钠	128	≥1 024	38.46%	/	61.54%	≥512	—	≤256
磺胺甲噁唑/甲氧苄啶	≤1.2/0.06	2.4/0.125	3.85%	/	96.15%	≥76/4	—	≤38/2
硫酸新霉素	1	2	2.56%	1.28%	96.15%	≥16	8	≤4
甲砜霉素	2	16	11.54%	/	88.46%	≥16	—	≤8
氟甲喹	1	64	/	/	/	—	—	—

注："—"表示无折点；耐药性判定参考值只适用于气单胞菌、弧菌、假单胞菌、爱德华氏菌等革兰氏阴性菌，其他细菌可只统计 MIC_{50} 和 MIC_{90}。

2. 病原菌对不同抗菌药物的耐药性分析

（1）气单胞菌对渔用抗菌药物的耐药性

8 种水产用抗菌药物对 78 株气单胞菌（包括 12 株嗜水气单胞菌和 66 株维氏气单胞菌）的 MIC 频数分布见表 3 至表 8。

表 3　恩诺沙星对气单胞菌的 MIC 频数分布（$n=78$）

供试药物	不同药物浓度（μg/mL）下的菌株数（株）											
	≥32	16	8	4	2	1	0.5	0.25	0.125	0.06	0.03	≤0.015
恩诺沙星	0	0	0	3	1	2	2	11	10	26	5	18

表 4　盐酸多西环素对气单胞菌的 MIC 频数分布（$n=78$）

供试药物	不同药物浓度（μg/mL）下的菌株数（株）											
	≥128	64	32	16	8	4	2	1	0.5	0.25	0.125	≤0.06
盐酸多西环素	0	0	1	1	0	4	7	2	21	40	2	0

表 5　硫酸新霉素、氟甲喹对气单胞菌的 MIC 频数分布（$n=78$）

供试药物	不同药物浓度（μg/mL）下的菌株数（株）											
	≥256	128	64	32	16	8	4	2	1	0.5	0.25	≤0.125
硫酸新霉素	0	0	1	1	0	1	1	10	52	12	0	0
氟甲喹	5	3	7	2	2	3			27	2	1	16

表 6　甲砜霉素、氟苯尼考对气单胞菌的 MIC 频数分布（$n=78$）

供试药物	不同药物浓度（μg/mL）下的菌株数（株）											
	≥512	256	128	64	32	16	8	4	2	1	0.5	≤0.25
甲砜霉素	6	1	1	0	0	1	0	0	50	18	0	0
氟苯尼考	0	1	1	3	0	0	0	0	1	5	32	34

表 7　磺胺间甲氧嘧啶钠对气单胞菌的 MIC 频数分布（$n=78$）

供试药物	不同药物浓度（μg/mL）下的菌株数（株）										
	≥1 024	512	256	128	64	32	16	8	4	2	≤1
磺胺间甲氧嘧啶钠	24	6	7	12	9	9	7	2			1

表 8　磺胺甲噁唑/甲氧苄啶对气单胞菌的 MIC 频数分布（$n=78$）

供试药物	不同药物浓度（μg/mL）下的菌株数（株）										
	≥1 216/64	608/32	304/16	152/8	76/4	38/2	19/1	9.5/0.5	4.8/0.25	2.4/0.12	≤1.2/0.06
磺胺甲噁唑/甲氧苄啶	3	0	0	0	0	0	0	1	0	16	58

（2）不同地区气单胞菌对抗菌药物的耐药性

比较 8 种水产用抗菌药物对大足区、涪陵区、开州区、潼南区、万州区、武隆区和云阳县等 7 个地区养殖场分离的气单胞菌 MIC_{50} 和 MIC_{90}（表 9）发现，除万州区外，其他 6 个区县监测的养殖场中，养殖户可能习惯性使用磺胺间甲氧嘧啶钠进行预

表9 不同区县气单胞菌耐药性监测情况比对 （n=78）

单位：μg/mL

区县	恩诺沙星		盐酸多西环素		硫酸新霉素		氟甲喹		甲砜霉素		氟苯尼考		磺胺间甲氧嘧啶钠		磺胺甲噁唑/甲氧苄啶	
	MIC_{50}	MIC_{90}	MIC_{50}	MIC_{90}	MIC_{50}	MIC_{90}	MIC_{50}	MIC_{90}	MIC_{50}	MIC_{90}	MIC_{50}	MIC_{90}	MIC_{50}	MIC_{90}	MIC_{50}	MIC_{90}
大足区	0.03	4	0.25	0.5	1	2	≤0.25	0.5	2	2	≤0.25	0.5	64	>1 024	≤1.2/0.06	2.4/0.125
涪陵区	0.06	0.125	0.25	32	1	2	1	1	2	>512	0.5	256	32	>1 024	2.4/0.125	9.5/0.5
开州区	0.06	0.25	0.25	2	1	2	1	16	2	8	0.5	1	512	>1 024	≤1.2/0.06	2.4/0.125
潼南区	≤0.015	0.06	0.5	0.5	1	4	≤0.125	4	2	2	0.5	0.5	1 024	>1 024	≤1.2/0.06	2.4/0.125
万州区	0.06	0.25	0.25	0.5	0.5	1	1	64	2	2	≤0.25	0.5	128	128	≤1.2/0.06	2.4/0.125
武隆区	0.125	1	0.25	2	1	1	2	>256	2	>512	0.25	128	>1 024	>1 024	2.4/0.125	>1 216/64
云阳县	0.06	2	0.5	4	1	8	1	64	2	>512	0.5	64	64	>1 024	≤1.2/0.06	2.4/0.125

防和治疗疾病，导致被监测的养殖场分离的病原菌对磺胺间甲氧嘧啶钠已经产生耐药性；氟苯尼考、甲砜霉素在涪陵区、武隆区和云阳县是使用时间最长的渔用抗菌药物，目前发现监测的养殖场所分离的病原菌都产生了一定的耐药性。盐酸多西环素在涪陵区是常用渔用抗菌药物，发现监测养殖场分离的病原菌目前已经产生了耐药性；磺胺甲噁唑/甲氧苄啶在武隆区是常用渔用抗菌药物，监测养殖场分离出的病原菌目前已经产生了一定程度的耐药性。恩诺沙星和硫酸新霉素为大足区、武隆区和云阳县的常用药，有区域性产生耐药性风险。

3. 耐药性变化情况

2019—2023 年，8 种水产用抗菌药物对气单胞菌的 MIC_{90} 有一定的变化，详情见表 10、图 1 和图 2。恩诺沙星、硫酸新霉素和磺胺甲噁唑/甲氧苄啶对病原菌的抑菌效果一直保持在一个相对稳定的状态，盐酸多西环素在 2021 年后抑菌效果有所改善。磺胺间甲氧嘧啶钠和甲砜霉素对气单胞菌的 MIC_{90} 变化无规律，上下波动大。

表 10　2019—2023 年不同水产用抗菌药物对气单胞菌的 MIC_{90}

单位：$\mu g/mL$

供试药物	2019 年	2020 年	2021 年	2022 年	2023 年
恩诺沙星	0.79	0.24	0.93	1.35	0.25
硫酸新霉素	6.46	2.141	1.18	2.63	2
甲砜霉素	19.14	7.83	512	579.99	16
氟苯尼考	6.19	4.52	161.21	29.48	1
盐酸多西环素	7.83	1.21	11.63	3.64	2
氟甲喹	313.78	0.65	7.78	9.71	64
磺胺间甲氧嘧啶钠	58.46	212.86	1 024	76.06	>1 024
磺胺甲噁唑/甲氧苄啶	21.27	164.37	161.58	38.94	2.4/0.125

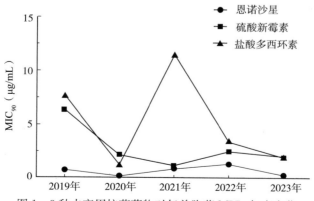

图 1　3 种水产用抗菌药物对气单胞菌 MIC_{90} 年度变化

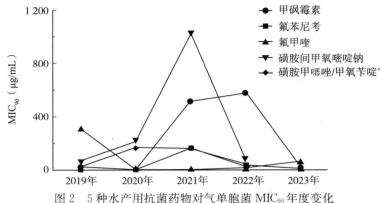

图 2　5 种水产用抗菌药物对气单胞菌 MIC_{90} 年度变化

（＊：图中仅以磺胺甲噁唑浓度表示 MIC_{90} 变化情况）

三、分析与建议

将气单胞菌对 7 种抗菌药物的耐药性结果汇总，如图 3 所示。

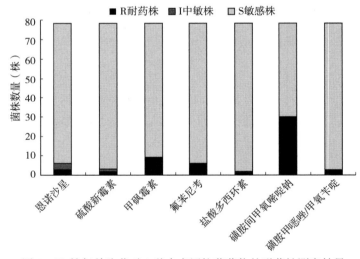

图 3　78 株气单胞菌对 8 种水产用抗菌药物的耐药性测定结果

2023 年，从重庆市 8 个地区分离出的 78 株气单胞菌对 8 种抗菌药物的耐药性监测结果来看，除了对磺胺间甲氧嘧啶钠不太敏感外，对其余 7 种都具有较好的敏感性，但值得注意的是病原菌对恩诺沙星具有较高的中敏率，对氟苯尼考的耐药率也在不断增加。

目前在大面积水产养殖过程中，治疗养殖鱼类细菌性疾病采用零抗策略显然是不现实的。需要做的是持谨慎的态度，切实做到科学、规范和精准地使用渔用抗菌药物，尽量降低用药风险。渔民可以优先选择养殖优质苗种、在养殖管理过程中加强生产管理，把日常通过使用抗生素预防细菌性病害转变为改变养殖习惯、调节好水质和喂食中草药（如大黄、黄连、黄柏和桉树叶等）。

2023年新疆维吾尔自治区水产养殖动物主要病原菌耐药性监测分析报告

封永辉　陈　朋　马燕武　马　莉　孙世萍　张人铭

（新疆水产技术推广总站）

为了解掌握水产养殖动物主要病原菌耐药性情况及其变化规律，科学指导使用水产用抗菌药物，提高细菌性病害防控成效，助推新疆渔业绿色高质量发展，新疆地区从草鱼、扁吻鱼、大口黑鲈、斑点叉尾鲴、鲫、鲢等养殖品种中分离得到气单胞菌、假单胞菌、不动杆菌等70株细菌，并测定其中23株疑似病原菌对8种水产用抗菌药物的敏感性，报告如下。

一、材料和方法

1. 样品采集

2023年2—9月，不定期从沙湾县、哈密市、石河子市、昌吉市、和田县采集有典型病症的鱼类样本。

2. 病原菌分离筛选、鉴定及保存

无菌操作下进行活体解剖，选取新鲜鳃、肝、肾、脾，用接种环蘸取病灶部位组织，划线接种于RS选择性培养基和NA培养基，（28±1）℃培养观察24h，观察菌落特征，挑取典型单菌落再次平板划线纯化培养，得到纯培养物后，接种于TSB培养基，菌液送检测定，测序结果在NCBI网站进行序列比对分析，确定菌株种属信息，并在网站提交序列获得序列号。纯化好的菌株用25％甘油等量混合冻存于−25℃冰箱。

3. 病原菌的抗菌药物敏感性检测

96孔药敏板由全国水产技术推广总站统一订制，内含恩诺沙星、硫酸新霉素、甲砜霉素、氟苯尼考、盐酸多西环素、氟甲喹、磺胺间甲氧嘧啶钠、磺胺甲噁唑/甲氧苄啶8种供试水产用抗菌药物，操作按照复星诊断科技（上海）有限公司药敏分析试剂板说明书进行，测定菌株 MIC_{50}、MIC_{90} 值，试验过程用大肠埃希氏菌（ATCC25922）作质控菌株。

二、药敏测试结果

1. 病原菌分离鉴定总体情况

2023年2—9月，在沙湾县、哈密市、石河子市、昌吉市、和田县采集样本10

次，样品 60 份，分离培养鉴定出菌株 70 株，以菌株 ATCC25922 为对照，使用斑马鱼开展攻毒实验，初步筛选出 23 株疑似病原株（如表 1 所示）。开展典型疑似病原菌株药敏试验 23 株，如图 1 所示，包含气单胞菌 19 株（83%）、假单胞菌 3 株（13%）、不动杆菌属 1 株（4%）。气单胞菌（83%）中，除不能分辨气单胞菌种（9%）外，其余（74%）包括常见的杀鲑气单胞菌（35%）、维氏气单胞菌（26%）、嗜水气单胞菌（5%）、温和气单胞菌（4%）和豚鼠气单胞菌（4%）（图 1）。

表 1　菌株具体分离鉴定情况

编号	菌株	来源	分离部位	NCBI 序列号
1	维氏气单胞菌	大口黑鲈	尾部	OR352222
2	嗜水气单胞菌	大口黑鲈	尾部	OR352225
3	杀鲑气单胞菌	扁吻鱼	鳃部	OR352227
4	不可分辨假单胞菌属细菌	扁吻鱼	肝脏	OR352244
5	杀鲑气单胞菌	草鱼	鳃部	OR352234
6	维氏气单胞菌	草鱼	肌肉	OR387094
7	杀鲑气单胞菌	斑点叉尾鲴	鳃部	OR352231
8	杀鲑气单胞菌	斑点叉尾鲴	肠道	OR352230
9	维氏气单胞菌	草鱼	肝脏	OR352242
10	不可分辨气单胞菌属细菌	草鱼	肝脏	OR352241
11	温和气单胞菌	草鱼	鳃部	OR352238
12	波西米亚不动杆菌	鲢	鳃部	—
13	维氏气单胞菌	草鱼	脾脏	OR387096
14	豚鼠气单胞菌	草鱼	肝脏	OR387089
15	维氏气单胞菌	草鱼	肝脏	OR387097
16	杀鲑气单胞菌	扁吻鱼	鳃部	OR352228
17	脆性假单胞菌	扁吻鱼	脾脏	OR342754
18	不可分辨假单胞菌属细菌	扁吻鱼	肝脏	OR342754
19	不可分辨气单胞菌属细菌	草鱼	水样	OR387092
20	杀鲑气单胞菌	鲫	鳃部	OR342756
21	维氏气单胞菌	草鱼	肝脏	OR342757
22	杀鲑气单胞菌	扁吻鱼	鳃部	OR352229
23	杀鲑气单胞菌	草鱼	肝脏	OR352236
24	大肠埃希氏菌	上海海洋大学提供	—	ATCC25922

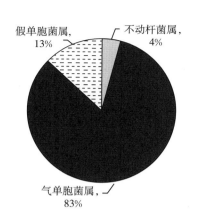
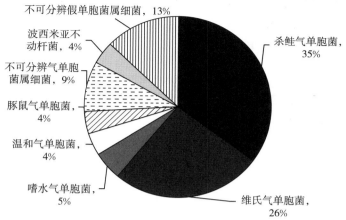

图 1　菌株分类统计情况

2. 病原菌对不同抗菌药物的耐药性分析

根据各菌株对药物的敏感性结果，依据判定标准，对分离病原菌的耐药性进行统计，详见图 2，耐药率高于 30% 的为甲砜霉素和氟苯尼考，其次为磺胺间甲氧嘧啶钠，其余渔用抗菌药物都表现为极为敏感。

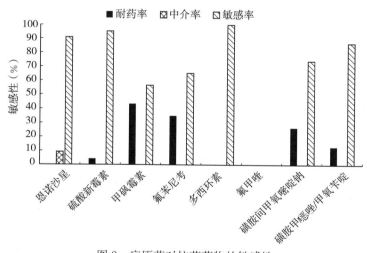

图 2　病原菌对抗菌药物的敏感性

8 种渔用抗菌药物对 23 株菌的 MIC 频数分布情况见表 2 和表 4，19 株气单胞菌对 8 种渔用抗菌药物的 MIC 频数分布情况见表 3 和表 5。

3 株假单胞菌均从同一时间、同一养殖地点发病的扁吻鱼不同部位分离获得，如表 6 所示，各种药物对菌株的 MIC 比较集中。硫酸新霉素对菌株的 MIC 都为 0.5μg/mL。氟苯尼考对菌株的 MIC 都为 16μg/mL。磺胺间甲氧嘧啶钠对菌株的 MIC 都为 >1 024μg/mL。恩诺沙星对菌株的 MIC 分布为 0.125μg/mL 2 株、0.06μg/mL 1 株。甲砜霉素对菌株的 MIC 分布为 32μg/mL 2 株、64μg/mL 1 株。盐酸多西环素对菌株的 MIC 分布为 1μg/mL 2株、0.5μg/mL 1株。氟甲喹对菌株的 MIC 分布为 4μg/mL 2株、8μg/mL 1株。磺胺甲噁唑/甲氧苄啶对菌株的 MIC 分布为 38/2μg/mL 2株、76/4μg/mL 1株。

表 2　7种水产用抗菌药物对菌株的 MIC 频数分布（n=23）

供试药物	MIC$_{50}$ (μg/mL)	MIC$_{90}$ (μg/mL)	≥1024	512	256	128	64	32	16	8	4	2	1	0.5	0.25	0.125	0.06	0.03	≤0.015
恩诺沙星	0.06	0.5	0	0	0	0	0	0	0	0	0	2	0	1	2	4	5	0	9
硫酸新霉素	1	2	0	0	0	0	1	0	0	0	0	6	8	7	1	0	0	0	0
氟甲喹	4	32	0	0	0	1	1	2	2	5	0	1	1	0	9	0	0	0	0
甲砜霉素	4	512	0	3	0	1	2	3	1	1	1	6	4	1	0	0	0	0	0
氟苯尼考	1	128	0	0	0	0	0	0	5	0	0	2	8	2	3	0	0	0	0
磺胺间甲氧嘧啶钠	32	≥1024	6	0	1	2	2	5	3	2	2	0	0	0	0	0	0	0	0
盐酸多西环素	0.5	2	0	0	0	0	0	0	0	0	0	5	4	11	2	1	0	0	0

表 3　7种水产用抗菌药物对气单胞菌的 MIC 频数分布（n=19）

供试药物	MIC$_{50}$ (μg/mL)	MIC$_{90}$ (μg/mL)	≥1024	512	256	128	64	32	16	8	4	2	1	0.5	0.25	0.125	0.06	0.03	≤0.015
恩诺沙星	0.06	0.5	0	0	0	0	0	0	0	0	0	2	0	1	2	1	4	0	9
硫酸新霉素	1	2	0	0	0	0	1	0	0	0	0	6	8	4	0	0	0	0	0
氟甲喹	0.5	32	0	0	0	0	1	1	1	1	0	1	1	0	9	0	0	0	0
甲砜霉素	2	128	0	2	0	1	1	1	1	1	1	6	4	1	0	0	0	0	0
氟苯尼考	1	16	0	0	0	0	2	0	0	0	0	2	8	2	3	0	0	0	0
磺胺间甲氧嘧啶钠	32	≥1024	3	0	1	0	2	2	2	2	2	0	0	0	0	0	0	0	0
盐酸多西环素	0.5	2	0	0	0	0	0	0	0	0	0	1	10	2	1	0	0	0	0

表 4　磺胺甲噁唑/甲氧苄啶对菌株的 MIC 频数分布（n=23）

供试药物	MIC$_{50}$ (μg/mL)	MIC$_{90}$ (μg/mL)	≥1216/64	608/32	304/16	152/8	76/4	38/2	19/1	9.5/0.5	4.8/0.25	2.4/0.125	≤1.2/0.06
磺胺甲噁唑/甲氧苄啶	≤1.2/0.06	76/4	2	0	0	0	1	4	1	1	0	2	12

表 5　磺胺甲噁唑/甲氧苄啶对气单胞菌的 MIC 频数分布（n=19）

供试药物	MIC$_{50}$ (μg/mL)	MIC$_{90}$ (μg/mL)	≥1216/64	608/32	304/16	152/8	76/4	38/2	19/1	9.5/0.5	4.8/0.25	2.4/0.125	≤1.2/0.06
磺胺甲噁唑/甲氧苄啶	≤1.2/0.06	38/2	2	0	0	0	0	2	1	0	0	2	12

表 6　扁吻鱼源假单胞菌对渔用抗菌药物的 MIC 值

单位：μg/mL

NCBI 序列号	菌株	恩诺沙星	硫酸新霉素	甲砜霉素	氟苯尼考	盐酸多西环素	氟甲喹	磺胺间甲氧嘧啶钠	磺胺甲噁唑/甲氧苄啶
OR352244	假单胞菌属	0.125	0.5	64	16	1	8	>1 024	76/4
OR342754	假单胞菌属	0.125	0.5	32	16	1	4	>1 024	38/2
OR342754	假单胞菌属	0.06	0.5	32	16	0.5	4	>1 024	38/2

表 7　鲢源不动杆菌对渔用抗菌药物的 MIC 值

单位：μg/mL

编号	菌株	恩诺沙星	硫酸新霉素	甲砜霉素	氟苯尼考	盐酸多西环素	氟甲喹	磺胺间甲氧嘧啶钠	磺胺甲噁唑/甲氧苄啶
116	不动杆菌属	0.125	0.25	512	128	1	8	16	9.5/0.5

三、分析与建议

细菌对渔用抗菌药物的敏感性会根据时间、天气、养殖环境等因素产生相应的变化，为保证耐药性监测操作科学、结果可靠，应建立标准化的操作流程，并长期坚持对一个品种、一个地域、一个养殖环境长期的动态监测。

试验过程中，2022 年度药敏监测试剂盒和 2023 年度不同生产厂家的试剂盒做对照试验发现，不同试剂盒只影响 MIC 值的判断，对最终敏感性判断影响很小，但不同的操作人员对试验结果影响较大。以后的工作中应加强相关技术人员的实际操作培训，统一使用试剂、统一步骤和操作流程，减少人员操作误差引起的实验误差。

单
位
篇

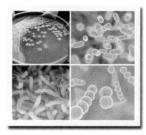

2023 年黑龙江省水产养殖动物主要病原菌
耐药性监测分析报告
（中国水产科学研究院黑龙江水产研究所）

赵 然 王 婧 王 荻 李绍戊

（中国水产科学研究院黑龙江水产研究所）

为了解掌握水产养殖主要病原菌对渔用抗菌药物的耐药性情况及其变化规律，指导科学使用渔用抗菌药物，提高细菌性病害防控成效，推动渔业绿色高质量发展，中国水产科学研究院黑龙江水产研究所重点从鲤、鲫等养殖品种中分离得到气单胞菌30 株，并测定其对 8 种水产用抗菌药物的敏感性，具体结果如下。

一、材料与方法

1. 样品采集

2023 年 4—9 月，于黑龙江省哈尔滨市、牡丹江市、绥化市、大庆市等地区采集鲤、鲫等品种，用于病原菌的分离，同时记录采集样品的健康状况、养殖环境、用药史及发病死亡情况。

2. 病原菌分离筛选

无菌条件下，取采集样品的肝、脾、肾三种组织接种于 RS 和 TSA 培养基平板，将平板倒置于生化培养箱中，于 28℃培养 24～48h 后，挑取优势菌落做进一步纯化培养。

3. 病原菌鉴定及保存

纯化的菌株采用分子生物学方法进行鉴定。提取分离菌株基因组 DNA，使用细菌 16S rRNA 和气单胞菌属看家基因 $gyrB$ 特异性引物进行 PCR 扩增，目的片段经测序比对分析后确定菌种。纯化后的细菌保存在含 25% 甘油的 TSB 肉汤培养基中，置于−80℃冰箱中冻存。

二、药敏测试结果

1. 病原菌分离鉴定总体情况

2023 年 4—9 月共分离鉴定出气单胞菌 30 株。其中，维氏气单胞菌 12 株（40%）、嗜水气单胞菌 10 株（33.33%）、杀鲑气单胞菌 4 株（13.33%）、温和气单胞菌 3 株（10%）、中间气单胞菌 1 株（3.33%），见表 1。

表 1 分离气单胞菌菌株数量与时间

菌属		分离时间						合计
		4 月	5 月	6 月	7 月	8 月	9 月	
气单胞菌	维氏气单胞菌	6	1	1		2	2	12
	嗜水气单胞菌			1	3	5	1	10
	杀鲑气单胞菌	1			3			4
	温和气单胞菌			2	1			3
	中间气单胞菌				1			1

2. 气单胞菌对水产用抗菌药物的耐药性分析

用 8 种水产用抗菌药物药敏试剂板对 2023 年分离到的 30 株气单胞菌进行药物敏感性试验，结果见表 2。耐药性分析结果显示，30 株气单胞菌对硫酸新霉素、恩诺沙星、盐酸多西环素和磺胺甲噁唑/甲氧苄啶的耐药率较低，分别为 0、10%、16.67%和 13.33%；对氟苯尼考和甲砜霉素的耐药率较高，分别为 36.67%和 46.67%；对磺胺间甲氧嘧啶钠的耐药率最高，达 93.33%。各种抗菌药物对气单胞菌属的 MIC 频数分布情况详见表 3 至表 8。

表 2 气单胞菌耐药性监测总体情况（$n = 30$）

单位：μg/mL

供试药物	MIC_{50}	MIC_{90}	耐药率	中介率	敏感率	耐药性判定参考值		
						耐药折点	中介折点	敏感折点
恩诺沙星	0.25	2	10%	3.33%	86.67%	≥4	1～2	≤0.5
氟苯尼考	0.5	128	36.67%	/	63.33%	≥8	4	≤2
盐酸多西环素	1	8	16.67%	10%	73.33%	≥16	8	≤4
磺胺间甲氧嘧啶钠	≥1 024	≥1 024	93.33%	/	6.67%	≥512	—	≤256
磺胺甲噁唑/甲氧苄啶	≥1 216/64	608/32	13.33%	/	86.67%	≥76/4	—	≤38/2
硫酸新霉素	1	4	0	3.33%	96.67%	≥16	8	≤4
甲砜霉素	4	≥512	46.67%	/	53.33%	≥16	—	≤8
氟甲喹	4	64	/	/	/	—	—	—

注："—"表示无折点。

表 3 恩诺沙星对气单胞菌的 MIC 频数分布（$n=30$）

供试药物	不同药物浓度（μg/mL）下的菌株数（株）											
	≥32	16	8	4	2	1	0.5	0.25	0.125	0.06	0.03	≤0.015
恩诺沙星				3	1		7	6	8		1	4

表 4　盐酸多西环素对气单胞菌的 MIC 频数分布（n=30）

供试药物	不同药物浓度（µg/mL）下的菌株数（株）											
	≥128	64	32	16	8	4	2	1	0.5	0.25	0.125	≤0.06
盐酸多西环素				2	3	4	6		1	6	8	

表 5　硫酸新霉素、氟甲喹对气单胞菌的 MIC 频数分布（n=30）

供试药物	不同药物浓度（µg/mL）下的菌株数（株）											
	≥256	128	64	32	16	8	4	2	1	0.5	0.25	≤0.125
硫酸新霉素						1	4	6	18	1		
氟甲喹	3		4	2	4	2	3	5	4		1	2

表 6　甲砜霉素、氟苯尼考对气单胞菌的 MIC 频数分布（n=30）

供试药物	不同药物浓度（µg/mL）下的菌株数（株）											
	≥512	256	128	64	32	16	8	4	2	1	0.5	≤0.25
甲砜霉素	10	2		1	1			3	12	1		
氟苯尼考	1		5	2	2				2	2	12	3

表 7　磺胺间甲氧嘧啶钠对气单胞菌的 MIC 频数分布（n=30）

供试药物	不同药物浓度（µg/mL）下的菌株数（株）										
	≥1 024	512	256	128	64	32	16	8	4	2	≤1
磺胺间甲氧嘧啶钠	23	5		2							

表 8　磺胺甲噁唑/甲氧苄啶对气单胞菌的 MIC 频数分布（n=30）

供试药物	不同药物浓度（µg/mL）下的菌株数（株）										
	≥1 216/64	608/32	304/16	152/8	76/4	38/2	19/1	9.5/0.5	4.8/0.25	2.4/0.12	≤1.2/0.06
磺胺甲噁唑/甲氧苄啶	2	2				2	1	2	1	14	6

3. 不同气单胞菌对水产用抗菌药物的敏感性

根据 2023 年不同种类病原菌分离的数量，选取维氏气单胞菌、嗜水气单胞菌这 2 种具有代表性的病原菌进行耐药性分析。8 种水产用抗菌药物对这 2 种病原菌的 MIC_{90} 及菌株耐药率见表 9，8 种水产用抗菌药物对这 2 种病原菌的 MIC 频数分布情况详见表 10 至表 21。

从 MIC_{90} 角度分析，氟苯尼考、盐酸多西环素、甲砜霉素对维氏气单胞菌的 MIC_{90} 均低于嗜水气单胞菌，恩诺沙星、磺胺甲噁唑/甲氧苄啶、硫酸新霉素、氟甲喹对维氏气单胞菌的 MIC_{90} 均高于嗜水气单胞菌，磺胺间甲氧嘧啶钠对这 2 种气单胞菌的 MIC_{90} 均达检测上限；从耐药率角度分析，维氏气单胞菌和嗜水气单胞菌对恩诺沙星、盐酸多西环素、磺胺甲噁唑/甲氧苄啶、硫酸新霉素较为敏感，其中对磺胺甲噁唑/甲氧苄啶、硫酸新霉素最为敏感，耐药率为 0。

表 9　水产用抗菌药物对 2 种气单胞菌的 MIC_{90} 及菌株耐药率

药物名称	MIC_{90}（μg/mL）		耐药率（%）	
	维氏气单胞菌	嗜水气单胞菌	维氏气单胞菌	嗜水气单胞菌
恩诺沙星	4	0.25	16.67	0
氟苯尼考	32	128	16.67	50
盐酸多西环素	4	8	8.33	10
磺胺间甲氧嘧啶钠	≥1 024	≥1 024	91.67	90
磺胺甲噁唑/甲氧苄啶	9.5/0.5	4.8/0.25	0	0
硫酸新霉素	4	2	0	0
甲砜霉素	256	≥512	33.33	50
氟甲喹	64	8	—	—

表 10　恩诺沙星对维氏气单胞菌的 MIC 频数分布（$n=12$）

供试药物	不同药物浓度（μg/mL）下的菌株数（株）											
	≥32	16	8	4	2	1	0.5	0.25	0.125	0.06	0.03	≤0.015
恩诺沙星			2	1		2	1	3			1	2

表 11　盐酸多西环素对维氏气单胞菌的 MIC 频数分布（$n=12$）

供试药物	不同药物浓度（μg/mL）下的菌株数（株）											
	128	64	32	16	8	4	2	1	0.5	0.25	0.125	≤0.06
盐酸多西环素			1		1	3			3	4		

表 12　硫酸新霉素、氟甲喹对维氏气单胞菌的 MIC 频数分布（$n=12$）

供试药物	不同药物浓度（μg/mL）下的菌株数（株）											
	≥256	128	64	32	16	8	4	2	1	0.5	0.25	≤0.125
硫酸新霉素						1	2	4	4	1		
氟甲喹			3	1	2	1	1	2				1

表 13　甲砜霉素、氟苯尼考对维氏气单胞菌的 MIC 频数分布（$n=12$）

供试药物	不同药物浓度（μg/mL）下的菌株数（株）											
	≥512	256	128	64	32	16	8	4	2	1	0.5	≤0.25
甲砜霉素	1	1		1	1				8			
氟苯尼考				1	1				1	1	6	2

表 14　磺胺间甲氧嘧啶钠对维氏气单胞菌的 MIC 频数分布（$n=12$）

供试药物	不同药物浓度（μg/mL）下的菌株数（株）										
	≥1 024	512	256	128	64	32	16	8	4	2	≤1
磺胺间甲氧嘧啶钠	7	4		1							

表 15　磺胺甲噁唑/甲氧苄啶对维氏气单胞菌的 MIC 频数分布（$n=12$）

供试药物	不同药物浓度（μg/mL）下的菌株数（株）										
	≥1 216/64	≥608/32	304/16	152/8	76/4	38/2	19/1	9.5/0.5	4.8/0.25	2.4/0.12	≤1.2/0.06
磺胺甲噁唑/甲氧苄啶					1		1			5	5

表 16　恩诺沙星对嗜水气单胞菌的 MIC 频数分布（$n=10$）

供试药物	不同药物浓度（μg/mL）下的菌株数（株）											
	≥32	16	8	4	2	1	0.5	0.25	0.125	0.06	0.03	≤0.015
恩诺沙星							1	4	3			2

表 17　盐酸多西环素对嗜水气单胞菌的 MIC 频数分布（$n=10$）

供试药物	不同药物浓度（μg/mL）下的菌株数（株）											
	128	64	32	16	8	4	2	1	0.5	0.25	0.125	≤0.06
盐酸多西环素				1	2	3	1	1	1	1		

表 18　硫酸新霉素、氟甲喹对嗜水气单胞菌的 MIC 频数分布（$n=10$）

供试药物	不同药物浓度（μg/mL）下的菌株数（株）											
	≥256	128	64	32	16	8	4	2	1	0.5	0.25	≤0.125
硫酸新霉素							1	1	8			
氟甲喹		1				1	2	2	2		1	1

表 19　甲砜霉素、氟苯尼考对嗜水气单胞菌的 MIC 频数分布（$n=10$）

供试药物	不同药物浓度（μg/mL）下的菌株数（株）											
	≥512	256	128	64	32	16	8	4	2	1	0.5	≤0.25
甲砜霉素	5							3	1	1		
氟苯尼考	1		2	1	1				1	1	2	1

表 20　磺胺间甲氧嘧啶钠对嗜水气单胞菌的 MIC 频数分布（$n=10$）

供试药物	不同药物浓度（μg/mL）下的菌株数（株）										
	≥1 024	512	256	128	64	32	16	8	4	2	≤1
磺胺间甲氧嘧啶钠	8	1		1							

表 21　磺胺甲噁唑/甲氧苄啶对嗜水气单胞菌的 MIC 频数分布 （n＝10）

供试药物	不同药物浓度（μg/mL）下的菌株数（株）										
	≥1 216/64	≥608/32	304/16	152/8	76/4	38/2	19/1	9.5/0.5	4.8/0.25	2.4/0.12	≤1.2/0.06
磺胺甲噁唑/甲氧苄啶						1			1	7	1

4. 耐药性变化情况

2023 年之前该研究所未开展水产动物主要病原菌耐药性监测工作，因缺乏数据，此次报告未包含耐药性变化情况。

三、分析与建议

总体来看，2023 年黑龙江省分离的气单胞菌对恩诺沙星、磺胺甲噁唑/甲氧苄啶、硫酸新霉素均较敏感，敏感率均大于 80％，其中硫酸新霉素敏感率高于其他 2 种，敏感率为 96.67％。

细菌的药物敏感性受养殖环境、药物使用情况等因素的影响，因此必须长期开展水产动物病原菌的耐药性监测，掌握其耐药变迁规律。

2023 年上海市水产养殖动物主要病原菌耐药性监测分析报告

（中国水产科学研究院东海水产研究所）

周俊芳　房文红　李新苍　匡俊宇　王　元

（中国水产科学研究院东海水产研究所）

为了解掌握水产养殖主要病原菌对渔用抗菌药物的耐药性情况及其变化规律，指导科学使用渔用抗菌药物，提高细菌性病害防控成效，推动渔业绿色高质量发展，中国水产科学研究院东海水产研究所重点从对虾和鲫养殖品种中分离得到副溶血弧菌、维氏气单胞菌、简达气单胞菌等病原菌，并测定其对 8 种水产用抗菌药物的敏感性，具体结果如下。

一、材料与方法

1. 样品采集

2023 年 5—11 月，每月从监测点采集养殖鲫或对虾至少 1 次，并记录养殖场发病及用药情况。

2. 病原菌分离筛选

无菌操作取鲫肝、肾、脾组织（发病样品还要挑取病灶组织），划线接种于 TSA 培养基平板，以及取对虾的肝胰腺接种于 TCBS 培养基平板，28℃倒置培养 20～24h，挑取优势菌落进一步纯化。

3. 病原菌鉴定及保存

挑选纯化菌落接种于 TSBS 液体培养基，28℃振荡培养 20～24h，核酸鉴定并保存于－80℃。

二、药敏测试结果

1. 病原菌分离鉴定总体情况

2023 年度从鲫分离病原菌 34 株，从对虾分离病原菌 24 株。其中，气单胞菌 44 株，弧菌 14 株。

（1）对虾分离菌

从对虾分离到气单胞菌和弧菌两个属的病原菌。其中，对虾源气单胞菌 10 株，有豚鼠气单胞菌、肠棕气单胞菌和嗜水气单胞菌（图 1）；对虾源弧菌 14 株，有副溶血弧菌、坎氏弧菌、地中海弧菌、溶藻弧菌、罗尼氏弧菌和天青弧菌（图2）。

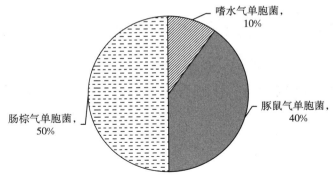

图1　对虾气单胞菌分离种类

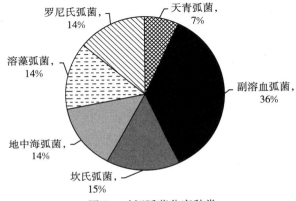

图2　对虾弧菌分离种类

（2）鲫分离菌

2023年度从养殖鲫分离到的病原菌均为气单胞菌，分别为维氏气单胞菌、温和气单胞菌、简达气单胞菌和杀鲑气单胞菌，占比见图3。

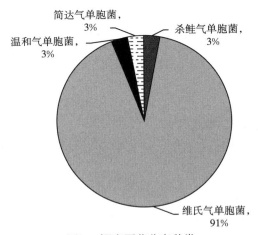

图3　鲫病原菌分离种类

2. 病原菌对不同抗菌药物的耐药性分析

（1）气单胞菌存在耐药现象

弧菌对各类药物敏感，没有出现耐药或中介的情况，所有分离菌种对 7 种渔用抗菌药物 100% 敏感（表 1）；而气单胞菌无论是鲫源还是对虾源均对磺胺间甲氧嘧啶钠存在敏感性下降的现象，耐药率不低于 10%，鲫源气单胞菌还对恩诺沙星和硫酸新霉素存在敏感性下降的现象（表 2、表 3）。

（2）养殖鲫的渔药使用需要进一步规范

就养殖品种而言，除了磺胺间甲氧嘧啶钠，对虾分离病原菌对其他 6 种渔用抗菌药物全部敏感；而养殖鲫则除了少数分离菌对磺胺间甲氧嘧啶钠耐药外，还对恩诺沙星和硫酸新霉素中介。

表 1　对虾弧菌耐药性监测总体情况 （$n=14$）

单位：$\mu g/mL$

供试药物	MIC_{50}	MIC_{90}	耐药率	中介率	敏感率	耐药性判定参考值		
						耐药折点	中介折点	敏感折点
恩诺沙星	0.03	0.125	0	0	100%	$\geqslant 4$	1～2	$\leqslant 0.5$
氟苯尼考	0.5	1	0	0	100%	$\geqslant 8$	4	$\leqslant 2$
盐酸多西环素	0.25	0.5	0	0	100%	$\geqslant 16$	8	$\leqslant 4$
磺胺间甲氧嘧啶钠	16	64	0	/	100%	$\geqslant 512$	—	$\leqslant 256$
磺胺甲噁唑/甲氧苄啶	$\leqslant 1.2/0.06$	2.4/0.125	0	/	100%	$\geqslant 76/4$	—	$\leqslant 38/2$
硫酸新霉素	1	4	0	0	100%	$\geqslant 16$	8	$\leqslant 4$
甲砜霉素	2	4	0	/	100%	$\geqslant 16$	—	$\leqslant 8$
氟甲喹	0.25	2	/	/	/	—	—	—

注："—"表示无折点；耐药性判定参考值只适用于气单胞菌、弧菌、假单胞菌、爱德华氏菌等革兰氏阴性菌，其他细菌可只统计 MIC_{50} 和 MIC_{90}。

表 2　对虾气单胞菌耐药性监测总体情况 （$n=10$）

单位：$\mu g/mL$

供试药物	MIC_{50}	MIC_{90}	耐药率	中介率	敏感率	耐药性判定参考值		
						耐药折点	中介折点	敏感折点
恩诺沙星	0.03	0.06	0	0	100%	$\geqslant 4$	1～2	$\leqslant 0.5$
氟苯尼考	0.5	1	0	0	100%	$\geqslant 8$	4	$\leqslant 2$
盐酸多西环素	0.25	0.5	0	0	100%	$\geqslant 16$	8	$\leqslant 4$
磺胺间甲氧嘧啶钠	16	128	10%	—	90%	$\geqslant 512$	—	$\leqslant 256$
磺胺甲噁唑/甲氧苄啶	$\leqslant 1.2/0.06$	2.4/0.125	0	—	100%	$\geqslant 76/4$	—	$\leqslant 38/2$
硫酸新霉素	0.5	1	0	0	100%	$\geqslant 16$	8	$\leqslant 4$
甲砜霉素	2	4	0	—	100%	$\geqslant 16$	—	$\leqslant 8$
氟甲喹	1	2	—	—	—	—	—	—

注："—"表示无折点；耐药性判定参考值只适用于气单胞菌、弧菌、假单胞菌、爱德华氏菌等革兰氏阴性菌，其他细菌可只统计 MIC_{50} 和 MIC_{90}。

表 3 鲫气单胞菌耐药性监测总体情况 （$n=34$）

单位：$\mu g/mL$

供试药物	MIC_{50}	MIC_{90}	耐药率	中介率	敏感率	耐药性判定参考值		
						耐药折点	中介折点	敏感折点
恩诺沙星	0.25	2	0	23.53%	76.47%	$\geqslant 4$	1~2	$\leqslant 0.5$
氟苯尼考	$\leqslant 0.25$	1	0	0	100%	$\geqslant 8$	4	$\leqslant 2$
盐酸多西环素	0.25	0.5	0	0	100%	$\geqslant 16$	8	$\leqslant 4$
磺胺间甲氧嘧啶钠	64	512	11.76%	—	88.24%	$\geqslant 512$	—	$\leqslant 256$
磺胺甲噁唑/甲氧苄啶	$\leqslant 1.2/0.06$	2.4/0.125	0	—	100%	$\geqslant 76/4$	—	$\leqslant 38/2$
硫酸新霉素	1	2	0	2.94%	97.06%	$\geqslant 16$	8	$\leqslant 4$
甲砜霉素	2	2	0	—	100%	$\geqslant 16$	—	$\leqslant 8$
氟甲喹	32	64	—	—	—			

注："—"表示无折点；耐药性判定参考值只适用于气单胞菌、弧菌、假单胞菌、爱德华氏菌等革兰氏阴性菌，其他细菌可只统计 MIC_{50} 和 MIC_{90}。

三、分析与建议

（1）分离菌种耐药情况分析及建议

2023 年度监测结果表明，对虾弧菌的药物敏感性很好，没有出现耐药甚至中介的情况，而气单胞菌无论是鲫源还是对虾源均对磺胺间甲氧嘧啶钠存在一定的耐药率。

（2）养殖品种耐药情况分析及建议

调查也表明，由于上海市水产养殖以淡水为主，气单胞菌为虾和鱼的主要分离菌。此外，鲫源气单胞菌不仅对磺胺间甲氧嘧啶钠存在 10% 的耐药率，还对恩诺沙星和硫酸新霉素存在不等的中介率，因此，该地区后续养殖过程中应该继续保持耐药监测，渔药使用需要进一步规范。

2023 年山东省水产养殖动物主要病原菌
耐药性监测分析报告
（中国水产科学研究院黄海水产研究所）

李 杰　刘顺焱

（中国水产科学研究院黄海水产研究所）

为了解掌握水产养殖主要病原菌对渔用抗菌药物的耐药性情况及其变化规律，指导科学使用渔用抗菌药物，提高细菌性病害防控成效，推动渔业绿色高质量发展，2023 年中国水产科学研究院黄海水产研究所重点从大菱鲆和虹鳟 2 个品种中分离得到鳗弧菌、爱德华氏菌、杀鲑气单胞菌等病原菌，测定其对 8 种渔用抗菌药物的敏感性，具体结果如下。

一、材料与方法

1. 样品采集

（1）大菱鲆

试验样品采样点为烟台市、威海市、日照市三地的定点合作水产养殖企业，供试菌株是从患病大菱鲆体内分离的病原菌。2023 年 1—10 月每月采集有典型症状的病鱼试验样品 5～10 尾，累计采样 20 次，共计 132 尾。

（2）虹鳟

试验样品采样点为烟台市、威海市、日照市三地的定点合作水产养殖企业，供试菌株是从患病虹鳟体内分离的病原菌。2023 年 2—10 月每月采集有典型症状的病鱼试验样品 2～5 尾，累计采样 10 次，共计 36 尾。

2. 病原菌分离筛选及保存

通过定点养殖企业的病情反馈，现场采集具有典型症状的濒死病鱼，根据患病鱼个体体重、是否具备活体运输条件以及现场实验室条件，采用以下两种方式完成取样：

①针对较大个体的病鱼，在现场具备较好实验室条件的情况下，现场完成解剖和采样；

②针对个体较小的病鱼，在现场不具备无菌操作条件的情况下，以活体充氧方式打包带回中国水产科学研究院黄海水产研究所，当天完成解剖。

采样过程如下：在无菌操作条件下解剖病鱼，选取肝脏、脾脏和肾脏器官组织接种在 TSA 培养基上，28℃恒温培养 24～48h，观察菌落生长情况。之后挑取单菌落进行进一步的纯化培养，通过基因组测序方式确定具体菌株种类。纯化后的菌株用甘油保种，置于 $-80℃$ 低温冰箱保存备用。

3. 供试菌株最小抑菌浓度的测定

2023 年 11 月从上述保种的实验菌株中，选择符合耐药监测实验条件的典型菌株，使用复星诊断科技（上海）有限公司提供的 96 孔药敏检测板（以下简称药敏板）进行最小抑菌浓度测定，实验流程如下：

将上述保种实验菌株活化后，使用 TSA 培养基进行单菌落培养，用 PBS 缓冲液调节菌浓度到约 10^8 CFU/mL，按照药敏板说明书稀释后加入 96 孔药敏板，根据菌株的生长特性，设置不同的温度恒温培养 24～48h。完成恒温培养后，根据药敏板孔的浑浊或澄清情况，进行阳性和阴性读数，记录每个药敏板上每种药物对应的阴性孔数量。

首先选用本次实验提供的质控菌株进行预实验，将预实验结果与说明书提供的质控菌株耐药性参数进行比对，确认实验方法没有问题。然后进行正式实验，记录和分析实验菌株的耐药性情况，确定恩诺沙星、硫酸新霉素、甲砜霉素、氟苯尼考、盐酸多西环素、氟甲喹、磺胺间甲氧嘧啶钠、磺胺甲噁唑/甲氧苄啶 8 种药物对实验菌株的最低抑菌浓度（MIC），汇总数据计算 MIC_{50} 和 MIC_{90}，并进行分析比较。

4. 数据统计方法

根据美国临床实验室标准研究所（CLSI）发布的药物敏感性及耐药性标准，对 2023 年采集的重点病原菌的耐药性进行分析，标准见表 1。

表 1　CLSI 发布的药物敏感性及耐药性标准

单位：$\mu g/mL$

抗菌药物名称	S 敏感	I 中敏	R 耐药
恩诺沙星	≤0.5	1～2	≥4
盐酸多西环素	≤4	8	≥16
氟甲喹	≤4	8	≥16
氟苯尼考	≤2	4	≥8
甲砜霉素	≤8	4	≥16
硫酸新霉素	≤4	8	≥16
磺胺甲噁唑/甲氧苄啶	≤38/2	—	≥76/4
磺胺间甲氧嘧啶钠	≤256	—	≥512

注：菌株敏感率（%）=（敏感菌株数量/菌株总数）×100%；MIC_{50} 为抑制 50% 致病菌株生长所需的最小抑菌浓度；MIC_{90} 为抑制 90% 致病菌株生长所需的最小抑菌浓度。

二、药敏测试结果

1. 细菌分离鉴定总体情况

2023 年度，在山东省主要海水鱼养殖品种中共分离到 150 株典型病原菌，根据菌株宿主情况，可分为：

（1）大菱鲆源菌株 90 株

包括爱德华氏菌 30 株、鳗弧菌 30 株、杀鲑气单胞菌 30 株。

（2）虹鳟源菌株 60 株

包括鳗弧菌 30 株、杀鲑气单胞菌 30 株。

2. 病原菌对不同渔用抗菌药物的耐药性分析

（1）不同动物来源的菌株对渔用抗菌药物的敏感性

对比表 1 标准，根据表 2 和表 3 数据分析，大菱鲆源病原菌对硫酸新霉素、盐酸多西环素和磺胺甲噁唑/甲氧苄啶 3 种渔用抗菌药物敏感；虹鳟源病原菌对硫酸新霉素、甲砜霉素和磺胺甲噁唑/甲氧苄啶 3 种抗菌药物敏感。

表 2　2023 年 8 种渔用抗菌药物对山东省不同养殖品种病原菌的 MIC$_{50}$

单位：$\mu g/mL$

养殖品种	恩诺沙星	硫酸新霉素	甲砜霉素	氟苯尼考	盐酸多西环素	氟甲喹	磺胺间甲氧嘧啶钠	磺胺甲噁唑/甲氧苄啶
大菱鲆	0.25	2	2	2	1	4	512	2.4/0.125
虹鳟	0.06	2	2	1	0.5	0.5	512	2.4/0.125

表 3　2023 年 8 种渔用抗菌药物对山东省不同养殖品种病原菌的 MIC$_{90}$

单位：$\mu g/mL$

养殖品种	恩诺沙星	硫酸新霉素	甲砜霉素	氟苯尼考	盐酸多西环素	氟甲喹	磺胺间甲氧嘧啶钠	磺胺甲噁唑/甲氧苄啶
大菱鲆	1	4	16	256	4	64	1 024	9.5/0.5
虹鳟	2	4	4	256	8	128	512	19/1

（2）不同地区菌株对渔用抗菌药物的敏感性

参照表 1 标准，通过比较 8 种渔用抗菌药物对来源于烟台、威海、日照地区的 150 株病原菌的 MIC$_{50}$ 和 MIC$_{90}$（表 4、表 5），发现这 3 个地区的病原菌耐药性基本一致，除对氟苯尼考、氟甲喹和磺胺间甲氧嘧啶钠 3 种渔用抗菌药物的耐受性较强之外，对其余 5 种抗菌药物都较敏感。

表 4　8 种抗菌药物对不同地区分离菌株的 MIC$_{50}$

单位：$\mu g/mL$

药物名称	烟台	威海	日照
恩诺沙星	0.125	0.25	0.125
硫酸新霉素	2	2	1
甲砜霉素	2	4	2
氟苯尼考	2	1	1
盐酸多西环素	1	1	1

（续）

药物名称	烟台	威海	日照
氟甲喹	4	4	2
磺胺间甲氧嘧啶钠	512	512	512
磺胺甲噁唑/甲氧苄啶	2.4/0.125	2.4/0.125	2.4/0.125

表 5　8 种抗菌药物对不同地区分离菌株的 MIC_{90}

单位：$\mu g/mL$

药物名称	烟台	威海	日照
恩诺沙星	4	2	2
硫酸新霉素	4	4	4
甲砜霉素	8	16	16
氟苯尼考	512	128	256
盐酸多西环素	4	8	4
氟甲喹	128	64	128
磺胺间甲氧嘧啶钠	1 024	1 024	1 024
磺胺甲噁唑/甲氧苄啶	19/1	9.5/0.5	19/1

（3）3 种主要病原菌对渔用抗菌药物的敏感性

参照表 1 标准，分析表 6、表 7 可知，2023 年分离的山东省主要海水鱼类病原菌中杀鲑气单胞菌耐药程度最严重（对不同渔用抗菌药物的平均耐药率为 49.0%），表现为对氟甲喹和磺胺间甲氧嘧啶钠 2 种抗菌药物均耐受（$MIC_{50}\geqslant64\mu g/mL$）；鳗弧菌的药物敏感程度最高（平均耐药率为 24.1%），表现出对所有 8 种抗菌药物都敏感。

在 8 种渔用抗菌药物中，除氟甲喹对杀鲑气单胞菌抑制能力弱（MIC_{50} 为 $64\mu g/mL$）、磺胺间甲氧嘧啶钠对所有 3 种病原菌抑制能力弱（$MIC_{50}\geqslant256\mu g/mL$）之外，其他抗菌药物对 3 种病原菌都具有较好的抑制能力。

表 6　8 种水产抗菌药物对 3 种病原菌的 MIC_{50}

单位：$\mu g/mL$

菌株名称	恩诺沙星	硫酸新霉素	甲砜霉素	氟苯尼考	盐酸多西环素	氟甲喹	磺胺间甲氧嘧啶钠	磺胺甲噁唑/甲氧苄啶
杀鲑气单胞菌	1	1	1	2	2	64	512	9.5/0.5
鳗弧菌	0.03	2	2	0.5	0.25	0.25	256	≤1.2/0.06
爱德华氏菌	0.25	2	16	1	2	4	512	2.4/0.125

表 7　3 种病原菌对 8 种抗菌药物的耐药率（%）

菌株名称	恩诺沙星	硫酸新霉素	甲砜霉素	氟苯尼考	盐酸多西环素	氟甲喹	磺胺间甲氧嘧啶钠	磺胺甲噁唑/甲氧苄啶	平均
杀鲑气单胞菌	51.8	29.6	23.2	67.6	45.1	67.9	80.9	26.1	49.0

菌株名称	恩诺沙星	硫酸新霉素	甲砜霉素	氟苯尼考	盐酸多西环素	氟甲喹	磺胺间甲氧嘧啶钠	磺胺甲噁唑/甲氧苄啶	平均
鳗弧菌	9.9	34.3	25.6	12.8	17.5	10.6	77.6	4.4	24.1
爱德华氏菌	32.8	32.8	48.9	21.4	40.0	42.2	84.8	8.2	38.9

①杀鲑气单胞菌

杀鲑气单胞菌耐药性监测总体情况及 8 种渔用抗菌药物对杀鲑气单胞菌的 MIC 频数分布见表 8 至表 14。

表 8　杀鲑气单胞菌耐药性监测总体情况（$n=60$）

供试药物	MIC_{50}（μg/mL）	MIC_{90}（μg/mL）	耐药率（%）	耐药性判定参考值		
				耐药折点	中介折点	敏感折点
恩诺沙星	1	4	51.8	$\geqslant 4$	1～2	$\leqslant 0.5$
硫酸新霉素	1	4	29.6	$\geqslant 16$	8	$\leqslant 4$
甲砜霉素	1	8	23.2	$\geqslant 16$	4	$\leqslant 8$
氟苯尼考	2	512	67.6	$\geqslant 8$	4	$\leqslant 2$
盐酸多西环素	2	8	45.1	$\geqslant 16$	8	$\leqslant 4$
氟甲喹	64	128	67.9	$\geqslant 16$	8	$\leqslant 4$
磺胺间甲氧嘧啶钠	512	1 024	80.9	$\geqslant 512$	—	$\leqslant 256$
磺胺甲噁唑/甲氧苄啶	9.5/0.5	19/1	26.1	$\geqslant 76/4$	—	$\leqslant 38/2$

表 9　恩诺沙星对杀鲑气单胞菌的 MIC 频数分布（$n=60$）

供试药物	不同药物浓度（μg/mL）下的菌株数（株）											
	$\geqslant 32$	$\geqslant 16$	8	4	2	1	0.5	0.25	0.125	0.06	0.03	$\leqslant 0.015$
恩诺沙星	0	1	1	11	19	17	3	1	3	0	3	1

表 10　硫酸新霉素和氟甲喹对杀鲑气单胞菌的 MIC 频数分布（$n=60$）

供试药物	不同药物浓度（μg/mL）下的菌株数（株）											
	$\geqslant 256$	128	64	32	16	8	4	2	1	0.5	0.25	$\leqslant 0.125$
硫酸新霉素	0	0	0	0	0	0	7	26	20	7	0	0
氟甲喹	5	17	12	9	10	0	1	1	1	0	2	2

表 11　甲砜霉素和氟苯尼考对杀鲑气单胞菌的 MIC 频数分布（$n=60$）

供试药物	不同药物浓度（μg/mL）下的菌株数（株）											
	$\geqslant 512$	256	128	64	32	16	8	4	2	1	0.5	$\leqslant 0.25$
甲砜霉素	1	0	0	0	1	3	3	11	10	11	19	1
氟苯尼考	12	19	13	0	1	0	3	2	4	0	6	0

表 12　磺胺间甲氧嘧啶钠对杀鲑气单胞菌的 MIC 频数分布（$n=60$）

供试药物	不同药物浓度（μg/mL）下的菌株数（株）										
	≥1 024	512	256	128	64	32	16	8	4	2	≤1
磺胺间甲氧嘧啶钠	33	22	0	0	0	0	0	0	1	4	0

表 13　磺胺甲噁唑/甲氧苄啶对杀鲑气单胞菌的 MIC 频数分布（$n=60$）

供试药物	不同药物浓度（μg/mL）下的菌株数（株）										
	≥1 216/64	608/32	304/16	152/8	76/4	38/2	19/1	9.5/0.5	4.8/0.25	2.4/0.125	≤1.2/0.06
磺胺甲噁唑/甲氧苄啶	0	0	0	0	0	6	10	23	14	5	2

表 14　盐酸多西环素对杀鲑气单胞菌的 MIC 频数分布（$n=60$）

供试药物	不同药物浓度（μg/mL）下的菌株数（株）										
	≥128	64	32	16	8	4	2	1	0.5	0.25	0.125	≤0.06
盐酸多西环素	0	1	3	1	7	18	12	12	3	3	0	0

②鳗弧菌

鳗弧菌耐药性监测总体情况及 8 种渔用抗菌药物对鳗弧菌的 MIC 频数分布见表 15 至表 21。

表 15　鳗弧菌耐药性监测总体情况（$n=60$）

供试药物	MIC_{50}（μg/mL）	MIC_{90}（μg/mL）	耐药率（%）	耐药性判定参考值		
				耐药折点	中介折点	敏感折点
恩诺沙星	0.03	0.06	9.9	≥4	1～2	≤0.5
硫酸新霉素	2	4	34.3	≥16	8	≤4
甲砜霉素	2	4	25.6	≥16	4	≤8
氟苯尼考	0.5	1	12.8	≥8	4	≤2
盐酸多西环素	0.25	0.5	17.5	≥16	8	≤4
氟甲喹	0.25	0.5	10.6	≥16	8	≤4
磺胺间甲氧嘧啶钠	256	512	77.6	≥512	—	≤256
磺胺甲噁唑/甲氧苄啶	≤1.2/0.06	2.4/0.125	4.4	≥76/4	—	≤38/2

表 16　恩诺沙星对鳗弧菌的 MIC 频数分布（$n=60$）

供试药物	不同药物浓度（μg/mL）下的菌株数（株）											
	≥32	≥16	8	4	2	1	0.5	0.25	0.125	0.06	0.03	≤0.015
恩诺沙星	0	0	0	0	0	0	0	1	1	20	24	14

表 17　硫酸新霉素和氟甲喹对鳗弧菌的 MIC 频数分布（$n=60$）

供试药物	不同药物浓度（μg/mL）下的菌株数（株）											
	≥256	128	64	32	16	8	4	2	1	0.5	0.25	≤0.125
硫酸新霉素	0	0	0	0	0	1	19	28	10	2	0	0
氟甲喹	0	0	0	0	0	0	2	0	3	16	25	14

表 18　甲砜霉素和氟苯尼考对鳗弧菌的 MIC 频数分布（$n=60$）

供试药物	不同药物浓度（μg/mL）下的菌株数（株）											
	≥512	256	128	64	32	16	8	4	2	1	0.5	≤0.25
甲砜霉素	0	0	0	0	1	0	0	16	28	14	1	0
氟苯尼考	0	0	0	0	0	0	1	0	3	24	30	2

表 19　磺胺间甲氧嘧啶钠对鳗弧菌的 MIC 频数分布（$n=60$）

供试药物	不同药物浓度（μg/mL）下的菌株数（株）										
	≥1 024	512	256	128	64	32	16	8	4	2	≤1
磺胺间甲氧嘧啶钠	3	32	22	1	1	1	0	0	0	0	0

表 20　磺胺甲噁唑/甲氧苄啶对鳗弧菌的 MIC 频数分布（$n=60$）

供试药物	不同药物浓度（μg/mL）下的菌株数（株）										
	≥1 216/ 64	608/ 32	304/ 16	152/ 8	76/ 4	38/ 2	19/ 1	9.5/ 0.5	4.8/ 0.25	2.4/ 0.125	≤1.2/ 0.06
磺胺甲噁唑/甲氧苄啶	0	1	0	0	0	1	1	0	0	24	33

表 21　盐酸多西环素对鳗弧菌的 MIC 频数分布（$n=60$）

供试药物	不同药物浓度（μg/mL）下的菌株数（株）											
	≥128	64	32	16	8	4	2	1	0.5	0.25	0.125	≤0.06
盐酸多西环素	0	0	0	1	0	0	0	0	16	28	14	1

③爱德华氏菌

爱德华氏菌耐药性监测总体情况及 8 种渔用抗菌药物对爱德华氏菌的 MIC 频数分布见表 22 至表 28。

表 22　爱德华氏菌耐药性监测总体情况（$n=30$）

供试药物	MIC_{50} （μg/mL）	MIC_{90} （μg/mL）	耐药率 （%）	耐药性判定参考值		
				耐药折点	中介折点	敏感折点
恩诺沙星	0.25	0.5	32.8	≥4	1～2	≤0.5

（续）

供试药物	MIC₅₀ (μg/mL)	MIC₉₀ (μg/mL)	耐药率 (%)	耐药性判定参考值		
				耐药折点	中介折点	敏感折点
硫酸新霉素	2	4	32.8	≥16	8	≤4
甲砜霉素	16	32	48.9	≥16	4	≤8
氟苯尼考	1	2	21.4	≥8	4	≤2
盐酸多西环素	2	4	40.0	≥16	8	≤4
氟甲喹	4	8	42.2	≥16	8	≤4
磺胺间甲氧嘧啶钠	512	1 024	84.8	≥512	—	≤256
磺胺甲噁唑/甲氧苄啶	2.4/0.125	4.8/0.25	8.2	≥4/76	—	≤2/38

表 23　恩诺沙星对爱德华氏菌的 MIC 频数分布（$n=30$）

供试药物	不同药物浓度（μg/mL）下的菌株数（株）											
	≥32	≥16	8	4	2	1	0.5	0.25	0.125	0.06	0.03	≤0.015
恩诺沙星	0	0	0	0	0	0	4	21	4	1	0	0

表 24　硫酸新霉素和氟甲喹对爱德华氏菌的 MIC 频数分布（$n=30$）

供试药物	不同药物浓度（μg/mL）下的菌株数（株）										
	≥256	128	64	32	16	8	4	2	1	0.5	0.25	≤0.125
硫酸新霉素	0	0	0	0	0	0	6	18	4	2	0	0
氟甲喹	0	0	0	0	0	8	17	4	1	0	0	0

表 25　甲砜霉素和氟苯尼考对爱德华氏菌的 MIC 频数分布（$n=30$）

供试药物	不同药物浓度（μg/mL）下的菌株数（株）										
	≥512	256	128	64	32	16	8	4	2	1	0.5	≤0.25
甲砜霉素	0	0	0	0	4	21	3	1	1	0	0	0
氟苯尼考	0	0	0	0	0	1	0	1	14	12	1	1

表 26　磺胺间甲氧嘧啶钠对爱德华氏菌的 MIC 频数分布（$n=30$）

供试药物	不同药物浓度（μg/mL）下的菌株数（株）										
	≥1 024	512	256	128	64	32	16	8	4	2	≤1
磺胺间甲氧嘧啶钠	14	15	0	0	0	1	0	0	0	0	0

表 27　磺胺甲噁唑/甲氧苄啶对爱德华氏菌的 MIC 频数分布（$n=30$）

供试药物	不同药物浓度（μg/mL）下的菌株数（株）										
	≥1 216/64	608/32	304/16	152/8	76/4	38/2	19/1	9.5/0.5	4.8/0.25	2.4/0.125	≤1.2/0.06
磺胺甲噁唑/甲氧苄啶	0	0	0	0	0	0	0	0	8	11	11

表 28　盐酸多西环素对爱德华氏菌的 MIC 频数分布（$n=30$）

供试药物	不同药物浓度（μg/mL）下的菌株数（株）										
	≥128	64	32	16	8	4	2	1	0.5	0.25	0.125	≤0.06
盐酸多西环素	0	0	0	0	0	6	14	8	2	0	0	0

三、分析与建议

2023 年度在山东省虹鳟和大菱鲆 2 个海水养殖品种中分离的主要病原菌是杀鲑气单胞菌、鳗弧菌和爱德华氏菌。根据 CLSI 和 ECUCAST 设置的菌株对药物敏感性判断标准，不同动物来源、不同养殖地区分离的病原菌以及不同种类的病原菌对药物敏感性存在以下特点：

①山东省内不同地区采集的病原菌耐药性差异不明显，除对氟苯尼考、氟甲喹和磺胺间甲氧嘧啶钠 3 种渔用抗菌药物的耐受性较强之外，对其余 5 种药物都较敏感。

②不同动物来源的病原菌对渔用抗菌药物的耐受程度有所不同。除对硫酸新霉素和磺胺甲噁唑/甲氧苄啶两种抗菌药都敏感外，大菱鲆源病原菌对盐酸多西环素敏感，而虹鳟源病原菌对甲砜霉素敏感。

③不同品种的病原菌在耐药性方面有较大差异。其中，杀鲑气单胞菌耐药程度最严重，对氟甲喹和磺胺间甲氧嘧啶钠 2 种抗菌药物均耐受；鳗弧菌的药物敏感程度最高，表现出对所有 8 种抗菌药物都敏感。同时，磺胺间甲氧嘧啶钠对所有 3 种病原菌抑菌能力弱。

通过本次水产养殖病原菌耐药性检测实验，可以总结出：水产养殖动物在发生病害时，应及时进行敏感性检测，通过检测结果确定可用的抗菌药物种类，避免采用耐药性较高的药物，以加快治疗速度和降低病害损失；同时，可以根据渔用抗菌药物配伍搭配要求，采用多种药物联合使用的方式，快速、彻底消灭病原菌，预防耐药性的产生。

2023 年广东省水产养殖动物主要病原菌
耐药性监测分析报告
（中国水产科学研究院南海水产研究所）

冯　娟　邓益琴　马红玲

（中国水产科学研究院南海水产研究所）

卵形鲳鲹和石斑鱼是广东省最大宗的两种海水鱼，为了解掌握两种海水鱼养殖过程中主要病原菌对 8 种国标渔药的耐药性情况及其变化规律，指导科学使用渔用抗菌药物，提高细菌性病害防控成效，推动渔业绿色高质量发展，笔者重点从广东阳江和湛江养殖的卵形鲳鲹、石斑鱼中分离得到弧菌、发光杆菌和乳球菌等病原菌，并测定其对 8 种水产用抗菌药物的敏感性，结果如下。

一、材料与方法

1. 样品采集

样品采集按照全国水产技术推广总站 2023 年 3 月发布的《水产养殖动物病原菌耐药性监测技术规范》进行。以阳江、湛江养殖的石斑鱼和卵形鲳鲹为主要监测品种，在 4—10 月疾病高发期，以发病塘/网箱为采样点进行采样收集。每个采样点采集 5～10 尾鱼进行剖检，在含盐营养琼脂和脑心浸汁琼脂上进行细菌分离培养，每个采样点保留 1～2 株优势菌进行后续的纯化、鉴定和耐药性测定。

2. 病原菌分离筛选

在不明确具体病原时，一般采用通用培养基进行分离筛选。含盐营养琼脂和脑心浸汁琼脂作为花鲈、石斑鱼和卵形鲳鲹重要病原菌的分离平板，取患病鱼的肝、脾、肾做划线分离，28℃培养 24～48h，观察平板中单菌落群的优势菌情况，挑取优势菌进一步划线纯化。

3. 病原菌鉴定及保存

纯化的菌株采用分子生物学鉴定方法（PCR 法），引物采用 16S rRNA 通用引物 27F/1492R，PCR 扩增产物经琼脂糖凝胶电泳验证后将目的片段送出测序，反馈的序列在 NCBI 上进行 Blast 比对，将细菌鉴定至属水平。鉴定后，取新鲜纯化菌，加无菌生理盐水制成菌悬液，与灭菌甘油溶液混合，使甘油终浓度为 20％～40％，－80℃冻存。

二、药敏测试结果

1. 病原菌分离鉴定总体情况

2023 年度共分离海水鱼病原菌株 30 株（表 1），其中弧菌（*Vibrio*）22 株，占比 73.3%；发光杆菌（*Photobacterium*）5 株，占比 16.7%；乳球菌（*Lactococcus*，属链球菌科）2 株，占比 6.7%；未鉴定菌 1 株，占比 3.3%。

表 1　菌株来源及鉴定结果

菌株编号	菌种（属）	采样地点	鱼种
230701	*Photobacterium* sp.	阳西	石斑鱼
230702	*Photobacterium* sp.	阳西	石斑鱼
230703	*Photobacterium* sp.	阳西	石斑鱼
230705	*Vibrio* sp.	阳西	石斑鱼
B231101	*Vibrio* sp.	阳江	卵形鲳鲹
B231102	*Vibrio* sp.	阳江	卵形鲳鲹
NH230901	*Vibrio* sp.	阳江	卵形鲳鲹
NH230902	*Vibrio* sp.	阳江	卵形鲳鲹
R1	*Vibrio* sp.	饶平	卵形鲳鲹
rp080802	*Vibrio* sp.	饶平	卵形鲳鲹
X230405	*Vibrio* sp.	阳西	石斑鱼
X230406	*Vibrio* sp.	阳西	石斑鱼
X230407	*Vibrio* sp.	阳西	石斑鱼
X230408	*Vibrio* sp.	阳西	石斑鱼
X230501	*Vibrio* sp.	阳江	卵形鲳鲹
X230502	*Vibrio* sp.	阳江	卵形鲳鲹
X230503	*Vibrio* sp.	阳江	卵形鲳鲹
X230901	*Vibrio* sp.	湛江	卵形鲳鲹
X230902	*Lactococcus* sp.	湛江徐闻	卵形鲳鲹
X230904	*Lactococcus* sp.	湛江徐闻	卵形鲳鲹
X230905	*Vibrio* sp.	湛江徐闻	卵形鲳鲹
X230906	*Vibrio* sp.	湛江	卵形鲳鲹
X230907	*Vibrio* sp.	湛江	卵形鲳鲹
X230909	*Vibrio* sp.	湛江	卵形鲳鲹
Z231006	*Photobacterium* sp.	阳西	石斑鱼
Z231007	*Vibrio* sp.	阳西	石斑鱼
Z231009	*Photobacterium* sp.	阳西	石斑鱼
Z231010	*Vibrio* sp.	阳西	石斑鱼
Z231011	*Vibrio* sp.	阳西	石斑鱼
Z231014		阳西	石斑鱼

2. 病原菌对不同抗菌药物的耐药性分析

在已分离获得的 30 株海水鱼源病原菌中，总耐药率情况为菌株对恩诺沙星、硫酸新霉素、甲砜霉素、氟苯尼考、盐酸多西环素、磺胺间甲氧嘧啶钠、磺胺甲噁唑/甲氧苄啶的耐药率分别为 3.57％、96.43％、39.28％、14.28％、3.33％、92.86％、53.33％（图 1）。其中，细菌耐药率超过 90％的药物有硫酸新霉素和磺胺间甲氧嘧啶钠，耐药率在 30％～60％的药物有甲砜霉素和磺胺甲噁唑/甲氧苄啶，耐药率＜15％的药物有恩诺沙星、盐酸多西环素和氟苯尼考。

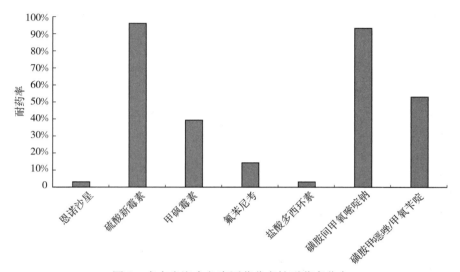

图 1　广东省海水鱼病原菌分离株耐药率分布

按地点分，阳江（21 株）和湛江（7 株）地区的菌株的耐药率分布情况为阳江分离株对恩诺沙星耐药率为 4.76％、硫酸新霉素 95.24％、甲砜霉素 33.33％、氟苯尼考 14.28％、盐酸多西环素 4.76％、磺胺间甲氧嘧啶钠 90.48％、磺胺甲噁唑/甲氧苄啶 47.62％；湛江分离株对恩诺沙星耐药率为 0、硫酸新霉素 100％、甲砜霉素 40％、氟苯尼考 20％、盐酸多西环素 0、磺胺间甲氧嘧啶钠 100％、磺胺甲噁唑/甲氧苄啶 57.14％（图 2）。可以看出，阳江地区和湛江地区分离的菌株的耐药性差异不大，养殖区域不是影响菌株耐药差异的主要原因。

按鱼种来看，卵形鲳鲹（16 株）和石斑鱼（14 株）的菌株耐药率分布情况为卵形鲳鲹恩诺沙星耐药率为 0、硫酸新霉素 92.86％、甲砜霉素 42.86％、氟苯尼考 14.28％、盐酸多西环素 0、磺胺间甲氧嘧啶钠 85.71％、磺胺甲噁唑/甲氧苄啶 50％；石斑鱼恩诺沙星耐药率为 7.14％、硫酸新霉素 100％、甲砜霉素 35.71％、氟苯尼考 14.28％、盐酸多西环素 7.14％、磺胺间甲氧嘧啶钠 100％、磺胺甲噁唑/甲氧苄啶 57.14％（图 3）。可以看出，卵形鲳鲹和石斑鱼源的病原菌耐药率差异不大，但石斑鱼源病原菌的耐药率要较卵形鲳鲹源的病原菌稍高一点，可能与石斑鱼以池塘养殖为主而卵形鲳鲹以深水网箱养殖为主有关。

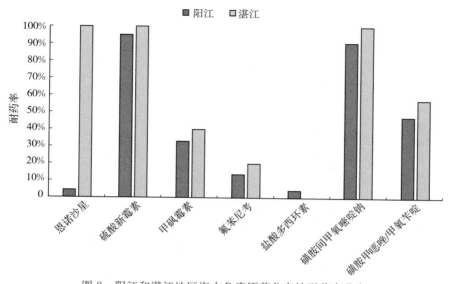

图 2　阳江和湛江地区海水鱼病原菌分离株耐药率分布

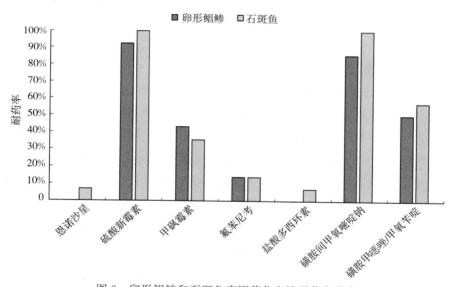

图 3　卵形鲳鲹和石斑鱼病原菌分离株耐药率分布

　　从分离株的种类来看，弧菌（22 株）和发光杆菌（5 株）的耐药率分布情况为弧菌对恩诺沙星的耐药率为 0、硫酸新霉素 95.45%、甲砜霉素 40.91%、氟苯尼考 13.64%、盐酸多西环素 0、磺胺间甲氧嘧啶钠 90.91%、磺胺甲噁唑/甲氧苄啶 45.45%；发光杆菌对恩诺沙星的耐药率为 0、硫酸新霉素 100%、甲砜霉素 20%、氟苯尼考 0、盐酸多西环素 0、磺胺间甲氧嘧啶钠 100%、磺胺甲噁唑/甲氧苄啶 80%（图 4）。弧菌属和发光杆菌属同属于弧菌科，都是海水鱼重要的病原菌种类，2023 年度的分离株对恩诺沙星和盐酸多西环素俱为 0 耐药，说明这两种药在控制弧菌病和发光杆菌病方面有很好的潜力。另外，弧菌对甲砜霉素和氟苯尼考的耐药性明显高于发光杆菌，提示精准用药的必要性。弧菌和发光杆菌在耐药率方面略有不同，说明不同种属的菌间，耐药性差异较大。

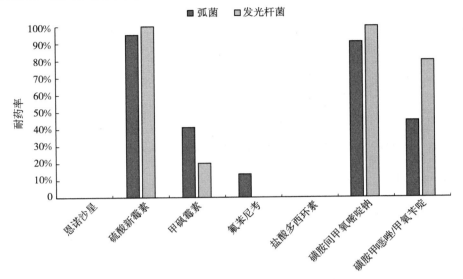

图 4　弧菌和发光杆菌分离株耐药率分布

3. 耐药性变化情况

2023 年度分离获得的 30 株海水鱼细菌性病原菌中，22 株为弧菌属细菌，占比 73.3%，是优势病原菌。表 2 显示了弧菌耐药性监测的总体情况，可以看出恩诺沙星、盐酸多西环素和氟甲喹都具有良好的杀菌效果，其 MIC_{50} 和 MIC_{90} 值接近，俱不大于 $2.0\mu g/mL$，说明细菌对 3 种药物的耐药性状集中尚未分离，很均一。与之相反的是氟苯尼考、甲砜霉素和磺胺甲噁唑/甲氧苄啶，其 MIC_{90} 是 MIC_{50} 的 32 或 64 倍，说明部分菌株已经对这 3 种药物产生了强烈的耐药性。因此，在使用这些药物控制弧菌病时，一定要根据药敏试验的结果选择药品，才能达到较好的控制效果。另外，弧菌对磺胺间甲氧嘧啶钠和硫酸新霉素的 MIC_{50} 和 MIC_{90} 值是耐药折点的 2 倍以上，耐药率大于 90%，在防控弧菌病时不建议单独使用这 2 种药物。8 种渔用抗菌药物对弧菌的 MIC 频数分布见表 3 至表 8。

表 2　弧菌耐药性监测总体情况（$n=22$）

单位：$\mu g/mL$

供试药物	MIC_{50}	MIC_{90}	耐药率	中介率	敏感率	耐药性判定参考值		
						耐药折点	中介折点	敏感折点
恩诺沙星	0.25	0.5	0	0	100%	≥4	1~2	≤0.5
氟苯尼考	2.0	64.0	13.6%	4.5%	81.8%	≥8	4	≤2
盐酸多西环素	0.5	1.0	0	0	100%	≥16	8	≤4
磺胺间甲氧嘧啶钠	≥1 024	≥1 024	90.9%	/	9.1%	≥512	—	≤256

供试药物	MIC$_{50}$	MIC$_{90}$	耐药率	中介率	敏感率	耐药性判定参考值		
						耐药折点	中介折点	敏感折点
磺胺甲噁唑/甲氧苄啶	19/1	≥1 216/64	45.4%	/	54.6%	≥76/4	—	≤38/2
硫酸新霉素	64.0	128.0	95.5%	4.5%	0	≥16	8	≤4
甲砜霉素	16.0	512.0	40.9%	/	59.1%	≥16	—	≤8
氟甲喹	1.0	2.0	/	/	/	—	—	—

注："—"表示无折点。

表 3　恩诺沙星对弧菌的 MIC 频数分布（$n=22$）

供试药物	不同药物浓度（μg/mL）下的菌株数（株）											
	≥32	≥16	8	4	2	1	0.5	0.25	0.125	0.06	0.03	≤0.015
恩诺沙星	0	0	0	0	0	0	6	9	2	1	1	3

表 4　盐酸多西环素对弧菌的 MIC 频数分布（$n=22$）

供试药物	不同药物浓度（μg/mL）下的菌株数（株）											
	128	64	32	16	8	4	2	1	0.5	0.25	0.125	≤0.06
盐酸多西环素	0	0	0	0	0	2	0	1	9	9	1	0

表 5　硫酸新霉素、氟甲喹对弧菌的 MIC 频数分布（$n=22$）

供试药物	不同药物浓度（μg/mL）下的菌株数（株）											
	≥256	128	64	32	16	8	4	2	1	0.5	0.25	≤0.125
硫酸新霉素	2	6	11	2	1	0	0	0	0	0	0	0
氟甲喹	0	0	0	0	0	0	4	11	2	2	3	

表 6　甲砜霉素、氟苯尼考对弧菌的 MIC 频数分布（$n=22$）

供试药物	不同药物浓度（μg/mL）下的菌株数（株）											
	≥512	256	128	64	32	16	8	4	2	1	0.5	≤0.25
甲砜霉素	3	0	0	1	6	7	3	1	1	0	0	0
氟苯尼考	1	1	0	1	0	0	1	6	6	4	2	0

表 7　磺胺间甲氧嘧啶钠对弧菌的 MIC 频数分布（$n=22$）

供试药物	不同药物浓度（μg/mL）下的菌株数（株）										
	≥1 024	512	256	128	64	32	16	8	4	2	≤1
磺胺间甲氧嘧啶钠	19	1	0	0	1	0	0	1	0	0	0

表 8　磺胺甲噁唑/甲氧苄啶对弧菌的 MIC 频数分布（n＝22）

供试药物	不同药物浓度（μg/mL）下的菌株数（株）										
	≥1 216/64	≥608/32	304/16	152/8	76/4	38/2	19/1	9.5/0.5	4.8/0.25	2.4/0.12	≤1.2/0.06
磺胺甲噁唑/甲氧苄啶	4	1	2	1	2	0	6	6	0	0	0

同 2022 年弧菌的耐药数据比，弧菌对恩诺沙星的耐药率为 0，低于 2022 年的 3.8%；恩诺沙星的 MIC_{50} 为 0.25μg/mL，高于 2022 年的 0.125μg/mL，MIC_{90} 为 0.5μg/mL，低于 2022 年的 1μg/mL。弧菌对盐酸多西环素的耐药率为 0，低于 2022 年的 5.3%；盐酸多西环素的 MIC_{50} 为 0.5μg/mL，高于 2022 年的 0.125μg/mL，MIC_{90} 为 1.0μg/mL，低于 2022 年的 4.0μg/mL。弧菌对氟苯尼考的耐药率为 13.6%，低于 2022 年的 38.2%；氟苯尼考的 MIC_{50} 为 2.0μg/mL，MIC_{90} 为 64μg/mL，均同 2022 年持平。弧菌对磺胺间甲氧嘧啶钠的耐药率为 90.9%，高于 2022 年的 32.4%；磺胺间甲氧嘧啶钠的 MIC_{50} 为 ≥1 024μg/mL，高于 2022 年的 32μg/mL，磺胺间甲氧嘧啶钠的 MIC_{90} 为 ≥1 024μg/mL，与 2022 年的持平。弧菌对磺胺甲噁唑/甲氧苄啶的耐药率为 45.4%，与 2022 年的基本持平；磺胺甲噁唑/甲氧苄啶的 MIC_{50} 为 19/1μg/mL，高于 2022 年的 9.5/0.5μg/mL，MIC_{90} 为 ≥1 216/64μg/mL，高于 2022 年的 ≥608/32μg/mL。硫酸新霉素对弧菌的 MIC_{50} 为 64μg/mL，远远高于 2022 年的 0.5μg/mL，MIC_{90} 为 128.0μg/mL，远远高于 2022 年的 4.0μg/mL。甲砜霉素对弧菌的 MIC_{50} 为 16μg/mL，高于 2022 年的 4μg/mL，MIC_{90} 为 512.0μg/mL，与 2022 年的持平。氟甲喹对弧菌的 MIC_{50} 为 1.0μg/mL，高于 2022 年的 0.5μg/mL，MIC_{90} 为 2.0μg/mL，远远低于 2022 年的 16μg/mL。这些数据的差异除了有耐药变迁的情况，也不能排除华南地区养殖的海水鱼源弧菌由于来源不同导致的差异。

表 9 和表 10 分别展示了 8 种国标渔药对 5 株石斑鱼源发光杆菌和 2 株卵形鲳鲹源乳球菌的 MIC 值，可以看出发光杆菌的 MIC 分布较均匀，而 2 株乳球菌的 MIC 值差异极其显著。由于菌株数量过少，其耐药结果不具有普适性。

表 9　8 种抗菌药物对石斑鱼源发光杆菌的 MIC 值

单位：μg/mL

细菌编号	菌种鉴定	恩诺沙星	硫酸新霉素	氟甲喹	甲砜霉素	氟苯尼考	盐酸多西环素	磺胺间甲氧嘧啶钠	磺胺甲噁唑/甲氧苄啶
230701	*Photobacterium*	0.016	64.0	0.125	16.0	2.0	0.500	≥1 024	≥64/1 216
230702	*Photobacterium*	0.125	64.0	0.25	16.0	1.0	0.250	≥1 024	8.0/152.0
230703	*Photobacterium*	0.063	256.0	0.25	16.0	1.0	4.0	≥1 024	1.0/19.0

（续）

细菌编号	菌种鉴定	恩诺沙星	硫酸新霉素	氟甲喹	甲砜霉素	氟苯尼考	盐酸多西环素	磺胺间甲氧嘧啶钠	磺胺甲噁唑/甲氧苄啶
Z231006	*Photobacterium*	0.063	128.0	0.5	8.0	2.0	16.0	≥1 024	4.0/76.0
Z231009	*Photobacterium*	0.5	128.0	2.0	32.0	2.0	0.5	≥1 024	≥64/1 216

表 10　8 种抗菌药物对卵形鲳鲹源乳球菌的 MIC 值

单位：μg/mL

细菌编号	菌种鉴定	恩诺沙星	硫酸新霉素	氟甲喹	甲砜霉素	氟苯尼考	盐酸多西环素	磺胺间甲氧嘧啶钠	磺胺甲噁唑/甲氧苄啶
X230902	*Lactococcus*	≥32	≥256	≥256	≥512	≥512	4.0	≥1 024	≥1 216/64
X230904	*Lactococcus*	0.5	≥256	≥256	16.0	8.0	1.0	≥1 024	≥1 216/64

三、分析与建议

1. 广东地区海水鱼源病原菌耐药性分析

2023 年度分离获得 30 株广东地区养殖卵形鲳鲹和石斑鱼的病原菌，并测定了 8 种国标渔药对 30 株细菌的 MIC_{50} 和 MIC_{90}，以及 30 株菌对 8 种国标渔药的耐药率。结果显示 30 株菌对恩诺沙星和盐酸多西环素敏感，耐药率低于 10%；对硫酸新霉素和磺胺间甲氧嘧啶钠具有抗性，耐药率高达 90% 以上；对其余 3 种药物的耐药率介于 10%～60%。分离株的不同地理群体，耐药率分布具有一致性。分离株的宿主来源对耐药性有一定的影响，其中石斑鱼源菌较卵形鲳鲹源菌的耐药率稍高，揭示了不同养殖模式和品种对病原菌的耐药率分布有一定的影响。此外，不同种属的菌也体现出了不同的耐药率，但由于弧菌属和发光杆菌属俱为弧菌科细菌，所以其耐药率的差异不显著。

对卵形鲳鲹源和石斑鱼源的弧菌菌株，恩诺沙星、盐酸多西环素和氟甲喹都具有良好的杀菌效果，其 MIC_{50} 和 MIC_{90} 值接近，说明细菌对 3 种药物的耐药性状集中尚未分离，很均一。使用这 3 种药物防控疾病时，对绝大多数的弧菌都有效。

氟苯尼考、甲砜霉素和磺胺甲噁唑/甲氧苄啶的 MIC_{90} 是 MIC_{50} 的 32 或 64 倍，菌株间对这 3 种药物的耐药性状已经分离，说明有部分菌株已经对这 3 种药物产生了强烈的耐药性。因此，在使用这些药物控制弧菌病时，一定要根据药敏试验的结果选择药品，才能达到较好的控制效果。

另外，弧菌对磺胺间甲氧嘧啶钠和硫酸新霉素的 MIC_{50} 和 MIC_{90} 值是耐药折点的 2 倍以上，耐药率大于 90%，在防控弧菌病时不建议单独使用这 2 种药物。

2. 加大广东地区海水鱼源病原菌的耐药监测力度

广东地区海水鱼品种众多，多个品种的养殖产量占全国产量的 40% 以上，如广东鲈占全国产量的 63.8%，石斑鱼产量占全国产量的 47.58%，卵形鲳鲹产量占全国的 48.63%。在养殖过程中，弧菌、发光杆菌、链球菌、诺卡氏菌、气单胞菌、爱德华氏菌等给养殖生产带来了极大的威胁，而在细菌性疾病的防控方面，药物的合理科学精准使用是减少养殖支出、提升养殖效率的重要举措。对于这些大宗的海水养殖品种的细菌性病原，有必要进行持续性的耐药监测，扩大监测菌群的数量，使得数据更具代表性，能更真实地反映出生产过程中病原菌的耐药分布情况，有助于科学指导用药。

图书在版编目（CIP）数据

2023 年全国水产养殖动物主要病原菌耐药性监测分析报告 ＝ 2023 Annual Surveillance Report on Antimicrobial Resistance in Aquatic Animals / 农业农村部渔业渔政管理局，全国水产技术推广总站组编. 北京：中国农业出版社，2024. 12. -- ISBN 978-7-109-32892-1

Ⅰ. S941.42

中国国家版本馆 CIP 数据核字第 2025B3X053 号

中国农业出版社出版

地址：北京市朝阳区麦子店街 18 号楼

邮编：100125

责任编辑：蔺雅婷　王金环　肖　邦

版式设计：杨　婧　　责任校对：吴丽婷

印刷：北京印刷集团有限责任公司

版次：2024 年 12 月第 1 版

印次：2024 年 12 月北京第 1 次印刷

发行：新华书店北京发行所

开本：787mm×1092mm　1/16

印张：11.75

字数：243 千字

定价：78.00 元